Al Gore

Wir haben die Wahl

Das können wir gegen die Klimakrise tun

cbj ist der Kinder- und Jugendbuchverlag
in der Verlagsgruppe Random House

© **Mix**
Produktgruppe aus vorbildlich
bewirtschafteten Wäldern, kontrollierten
Herkünften und Recyclingholz oder -fasern
www.fsc.org Zert.-Nr. SGS-COC-004278
© 1996 Forest Stewardship Council
FSC

Verlagsgruppe Random House FSC-DEU-0100
Das FSC-zertifizierte Papier für dieses Buch
Eurobulk von Biberist liefert Papier Union.

Gesetzt nach den Regeln der Rechtschreibreform

1. Auflage 2010
© 2010 cbj, München
Alle deutschsprachigen Rechte vorbehalten
Die amerikanische Originalausgabe erschien 2009 unter dem Titel
»Our Choice. How We Can Solve the Climate Crises. Young Readers Edition«
bei Puffin Books und Viking Children's Books, divisions of Penguin Young Readers Group
© der amerikanischen Originalausgabe 2009, Al Gore
All rights reserved
Übersetzung: Cornelia Panzacchi
Lektorat: Kerstin Windisch
Umschlaggestaltung: bürosüd
AW · Herstellung AnG
Satz: Buch-Werkstatt GmbH, Bad Aibling
Druck und Bindung: Těšínská tiskárna, a. s., Český Těšín
ISBN 978-3-570-13904-2
Printed in Czech Republic

www.cbj-verlag.de

Für Wyatt,
Anna und Oscar

INHALT

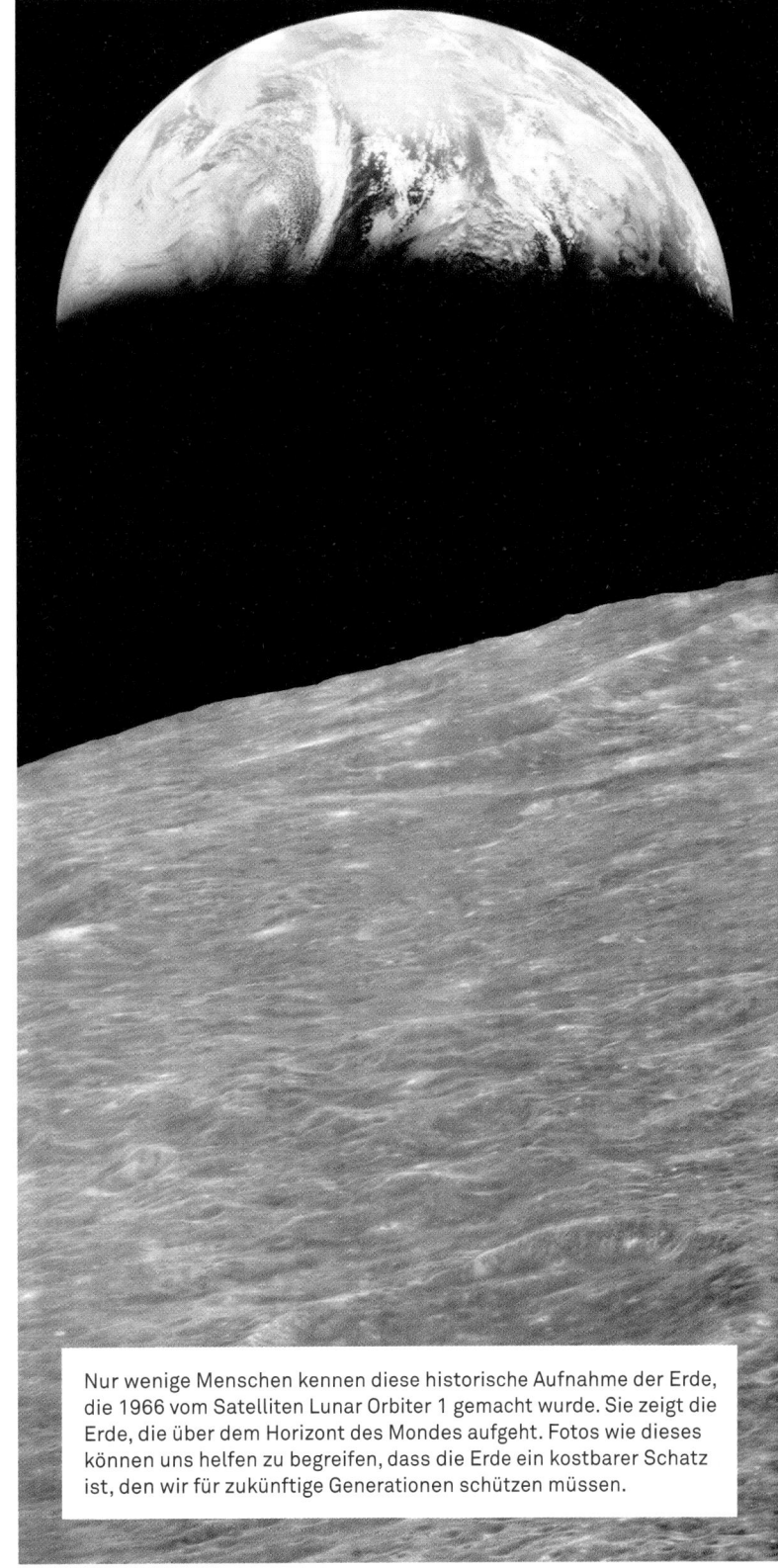

Nur wenige Menschen kennen diese historische Aufnahme der Erde, die 1966 vom Satelliten Lunar Orbiter 1 gemacht wurde. Sie zeigt die Erde, die über dem Horizont des Mondes aufgeht. Fotos wie dieses können uns helfen zu begreifen, dass die Erde ein kostbarer Schatz ist, den wir für zukünftige Generationen schützen müssen.

EINFÜHRUNG

Im Jahr 2007 erschien mein Buch *Eine unbequeme Wahrheit,* das auch verfilmt worden ist. Film und Buch beschäftigen sich mit dem Klimawandel und erklären, wodurch wir Menschen ihn verursachen. Und sie weisen auch darauf hin, dass der Klimawandel unser Leben für immer verändern wird, wenn wir ihn nicht rechtzeitig stoppen.

Diese Gedanken sind besonders für junge Leute ziemlich belastend. Denn es ist nicht einfach, in einer Welt aufzuwachsen, in der es so viele Probleme gibt.

Als *Eine unbequeme Wahrheit* erschien, war vielen Menschen noch gar nicht klar, was der Klimawandel eigentlich genau ist und was er wirklich für uns bedeutet, obwohl dessen Entwicklung bereits wissenschaftlich belegt war. Seither haben Wissenschaftler weitere Beweise, Ursachen und Folgen gefunden, und die Menschen sind sich nicht nur dieses Problems bewusst geworden, sondern wollen auch etwas dagegen unternehmen.

Und genau darum geht es in diesem Buch: um das, was wir tun *müssen,* um die fortschreitende Erderwärmung aufzuhalten, bevor es dafür zu spät ist.

In den letzten drei Jahren konnte ich durch Gespräche mit zahlreichen Forschern, Ingenieuren und Klimaexperten neue Hoffnung schöpfen. Die meisten Fachleute sind der Ansicht, dass wir die schlimmsten Auswirkungen der Erderwärmung verhindern können, wenn wir sofort handeln.

Das wird sicher nicht leicht werden. Es wird Jahre dauern, bis unsere Bemühungen Früchte tragen. Doch wir verfügen bereits über das notwendige Wissen und das geeignete Werkzeug. Wir müssen uns nur endlich dazu durchringen, beides auch einzusetzen. Genau deshalb heißt dieses Buch *Wir haben die Wahl:* Es geht hier um die Entscheidungen, die wir treffen müssen, damit auch zukünftige Generationen auf unserem Planeten leben können.

SCHNELL UND WEIT

Ein altes afrikanisches Sprichwort sagt:

»Wenn du schnell gehen willst, geh allein. Wenn du weit gehen willst, geh zusammen mit anderen.«

Pinguine kehren zu ihren Brutplätzen auf Deception Island in der Antarktis zurück.

Um die Klimaerwärmung aufzuhalten, müssen wir sehr weit gehen – und das sehr schnell. Denn es gibt viel zu tun und wir sollten sofort damit anfangen. In diesem Buch erkläre ich Schritt für Schritt, was genau wir tun müssen. Ich wollte alle Lösungen für das Klimaproblem übersichtlich zusammenstellen und klarmachen, dass sie alle durchführbar sind. Denn die hier vorgestellten Ideen und Erfindungen sind nicht etwa Science-Fiction, sondern Errungenschaften unserer heutigen Wissenschaft und Technologie.

Ich hoffe, dass dieses Buch junge Leute dazu anregt, etwas zu unternehmen. Denn viele Kinder und Jugendliche fragen mich immer wieder: »Was kann ich gegen die Klimaerwärmung tun?« Wichtig ist dabei vor allem, dass wir gemeinsam handeln – in den Städten, Gemeinden und Schulen, in den verschiedenen Ländern, auf der ganzen Welt. Der Klimawandel kann nicht von einer Handvoll Aktivisten aufgehalten werden. Dazu ist dieser Prozess zu umfassend und zu komplex. Er kann nur gestoppt werden, wenn wir alle zusammenhelfen.

Ja, wir müssen die Glühbirnen bei uns zu Hause auswechseln, um den Stromverbrauch zu reduzieren. Ja, wir müssen mehr auf unsere Autos verzichten, damit weniger Benzin verbrannt wird. Ja, wir müssen noch viel mehr recyceln. Diese alltäglichen Entscheidungen eines jeden von uns sind sehr wichtig – aber sie sind erst der Anfang. Um den Klimawandel zu stoppen, müssen wir auch unsere Gesellschaft verändern. So müssen wir unter anderem auf neue Arten Energie erzeugen und nutzen, und auch unsere Nahrung muss anders angebaut und produziert werden. Aber dafür müssen wir zuerst unsere Gesetze ändern, unsere Wirtschaftsmethoden und auch unser Denken.

Was können junge Leute tun? In der Geschichte der Menschheit waren es häufig die Jungen, die sich für Veränderungen einsetzten. Junge Leute sind offener und mutiger. In den 1950er- und 1960er-Jahren waren es immer wieder junge Menschen, die für gesellschaftliche und politische Veränderungen kämpften. Sie zeigten den Erwachsenen, dass es möglich ist, anders zu denken und anders zu handeln, und veränderten tatsächlich die Welt.

Ich glaube fest daran, dass Kinder und Jugendliche beim Kampf gegen den Klimawandel eine entscheidende Rolle spielen werden. Immer wieder treffe ich junge Menschen, die sich tatkräftig engagieren. Sie erklären anderen den Klimawandel, schreiben Briefe an Regierungen oder sammeln Spenden für den Umweltschutz. Auch wenn sie noch zu jung sind, um wählen zu gehen, beeinflussen sie doch ihre Mitmenschen und sogar die Politiker.

DIE WELT VERÄNDERN

Um die Klimaerwärmung zu stoppen, müssen wir das Übel an der Wurzel packen. Wir müssen aufhören, fossile Brennstoffe wie Erdöl und Kohle zu verwenden, und uns erneuerbaren Energien wie Sonnenenergie und Windkraft zuwenden. Das wird noch eine weitere, positive Wirkung haben, denn durch neue Arten der Energiegewinnung können ärmere Länder ihre Wirtschaft stärken. Das wird es ihnen leichter machen, Armut, Krankheiten und Hunger zu bekämpfen.

Indische Schulkinder nehmen 2008 in Hyderabad an einer groß angelegten Baumpflanz-Aktion teil.

Und damit komme ich zu einer weiteren wichtigen Erkenntnis: Der Klimawandel steht in engem Zusammenhang mit allen anderen großen Problemen, denen wir uns heute gegenübersehen. Wir können den Klimawandel nur aufhalten, wenn die Menschen in aller Welt dafür zusammenarbeiten. Wir alle müssen lernen, im Gleichgewicht mit der Natur zu leben. Dafür müssen wir aber auch frei und offen miteinander reden können.

Wenn uns das gelingt, werden wir nicht nur unsere Umwelt retten, sondern auch die Grundlagen für eine friedlichere, gerechtere und menschlichere Welt schaffen. Das alles klingt nicht nur furchtbar kompliziert – das ist es auch tatsächlich. Dennoch können wir es schaffen. Und dafür gibt es einen ganz einfachen Grund: Entweder wir verändern uns und unser Leben, oder wir müssen zusehen, wie der Klimawandel unseren Planeten zerstört. Diese Tatsache sollte uns helfen, eine zwar schwere, aber notwendige Entscheidung zu treffen. Denn wir haben keine andere Wahl.

EIN HISTORISCHER MOMENT

Wir sind nun an einem Punkt angelangt, der in der Geschichte der Menschheit einzigartig ist: Unsere Welt schwebt in großer Gefahr. Natürlich sind wir gar nicht dazu in der Lage, die Erde völlig zu zerstören, doch wir können es späteren Generationen unmöglich machen, auf ihr zu leben.

Der amerikanische Schriftstellter Kurt Vonnegut überlegte einmal, was passieren würde, »wenn Außerirdische oder Engel oder sonst irgendwelche Wesen in hundert Jahren herkämen und feststellen müssten, dass wir verschwunden sind, so wie die Dinosaurier«.

Vonnegut dachte sich eine Nachricht aus, die die Menschheit für diese Besucher hinterlassen könnte. Sie würde ungefähr folgendermaßen lauten:

Wir hätten uns wahrscheinlich selbst retten können, aber wir waren zu faul und zu engstirnig, um es ernsthaft zu versuchen.

Diese Vorstellung mag vielleicht lustig erscheinen – oder eher zum Weinen. Ich denke jedoch nicht, dass es so weit kommen wird. Angesichts dieses bedrohlichen Problems wird sich die Menschheit aufraffen. Ich bin davon überzeugt, dass die Menschen die richtige Entscheidung treffen werden, sobald sie alles über den Klimawandel wissen.

Aber wir müssen noch viele Hindernisse überwinden. Die Menschen dürfen nicht länger aus Eigennutz handeln, sondern müssen die richtige Entscheidung treffen – für unsere Umwelt. Was das genau heißt, darauf werde ich in diesem Buch noch näher eingehen. Vor allem dürfen wir nie vergessen, dass wir die Klimaerwärmung wirklich aufhalten können. Das wird natürlich eine gewaltige Aufgabe, doch wenn wir uns erst einmal dazu entschieden haben, alles daranzusetzen, werden wir erfolgreich sein.

Wichtig ist dabei auch, dass wir stolz sind – stolz auf das, was wir tun, um dieser Klimakrise zu begegnen. In der Geschichte der Menschheit war es nur wenigen Generationen vergönnt, eine derart wichtige Aufgabe zu übernehmen. Wenn wir unsere Sache gut machen, werden die Menschen in der Zukunft immer wieder an uns zurückdenken und uns dafür danken, dass wir ihnen eine Welt hinterließen, in der es sich zu leben lohnt.

SIE WERDEN UNS DAFÜR DANKBAR SEIN, DASS WIR DIE RICHTIGE WAHL GETROFFEN HABEN.

Irgendwann in einem
    traurigen September wird bald
Ein schwimmender
    Kontinent verschwinden
Unter der Mitternachtssonne.

Nebel steigen auf,
Wenn die saure See von Fieberdämpfen
    heimgesucht wird und
Neptuns Gebeine sich auflösen.

Schnee gleitet von den Bergen,
Eis zeugt jahreszeitenlange Fluten,
Schon bald setzt heftiger Regen ein.

Unbekannte Geschöpfe
Verschwinden unbetrauert,
Reiter machen sich bereit zum Kampf.

Die Sehnsucht ruft nach Helden
    und Freunden.
Hoch oben auf dem Hügel
Läuten die Stadtglocken Sturm.

Der Schäfer ruft,
Die Stunde der Entscheidung ist gekommen.
Hier ist dein Werkzeug.

Al Gore,
Nashville, Tennessee, 2009

1. Kapitel

Was aufsteigt, kommt wieder runter

Klimawandel, Erderwärmung … verschiedene Begriffe, die alle dasselbe meinen: Die Umwelt verändert sich, und wir, die Menschen, sind der wichtigste Grund dafür.

Unsere Lebensweise verletzt das ökologische Gleichgewicht der Erde. Die Fabriken, die unsere Fernsehgeräte und Computer herstellen, die Flugzeuge und Autos, mit denen wir reisen – sie alle verschmutzen Luft und Wasser mit giftigen Chemikalien. Wir roden Wälder und töten Korallenriffe. Wir plündern und zerstören wichtige Ressourcen, wie die oberste Erdschicht, in der wir unsere Nutzpflanzen anbauen, oder die Fischschwärme in den Meeren. Wir vernichten die Lebensräume von Tieren. Wir denken nicht darüber nach, wo kommende Generationen Nahrung, Energie oder Trinkwasser herbekommen sollen.

◀ Das deutsche Kohlekraftwerk Niederaußem ist der zweitgrößte Kohlendioxidproduzent Europas.

All das sind die Auslöser einer sehr ernsten ökologischen Krise. Doch das gefährlichste Problem ist der Klimawandel.

Der Klimawandel betrifft jeden Flecken der Erde. Er bedroht unsere Landwirtschaft, Nahrung, Städte, Arbeitsplätze – alle Bereiche unseres Lebens. Und er bewirkt viele Umweltprobleme. Deshalb müssen wir dringend etwas gegen den Klimawandel unternehmen.

Die wissenschaftliche Erklärung des Klimawandels ist sehr vielschichtig und kompliziert, lässt sich aber ganz einfach zusammenfassen:

Menschen verschmutzen die Luft. Unter der verschmutzten Atmosphäre staut sich Wärme, und die Temperatur der Luft, der Meere und der Erdoberfläche steigt an.

Wir wissen, welche Schadstoffe nicht nur die Luft verschmutzen, sondern auch für die Erderwärmung verantwortlich sind – sechs davon zählen zu den Hauptursachen der Klimakrise. Wir wissen, wo und wie sie entstehen. Wir wissen, wie wir aufhören können, sie zu erzeugen. Die Lösung des Problems ist ganz einfach:

Wir müssen den Ausstoß dieser Stoffe radikal einschränken.

Es ist eigentlich ganz einfach – aber das macht es noch lange nicht leicht …

Eine amerikanische Redensart sagt: »Was aufsteigt, kommt auch wieder runter.« Das trifft auch auf die Auslöser der Erderwärmung zu. Die Schadstoffe steigen in die Luft auf und kommen – manche schneller, manche langsamer – wieder auf die Erde zurück. Um den Klimawandel zu bekämpfen, müssen wir die aufsteigende Schadstoffmenge verringern und dafür sorgen, dass diese Stoffe schnell wieder aus der Atmosphäre verschwinden und von Bäumen, Pflanzen und Meeren aufgenommen werden.

Darum geht es in diesem Buch: Wir müssen eine Entscheidung treffen. Und wir müssen sofort handeln. Nur dann können wir das Schlimmste verhindern und kommenden Generationen einen lebenswerten Planeten hinterlassen.

DIE SECHS URSACHEN DER ERDERWÄRMUNG

Durch das Werk des Menschen sind sechs Arten von Schadstoffen entstanden, die die Luft verschmutzen und den Klimawandel auslösen.

Wie schnell reinigt sich die Luft?

runter

rauf

Die Erderwärmung verursachende Schadstoffe steigen in die Luft auf. Früher oder später kommen sie auch wieder herunter – aber leider nicht schnell genug. Um den Klimawandel zu stoppen, müssen wir den Ausstoß an Schadstoffen und damit die Luftverschmutzung stark verringern.

DIE AUSLÖSER DER KLIMAKRISE

Diese sechs Schadstoffe sind die wichtigsten Ursachen der Klimakrise. Fünf davon sind Gase, die schon immer Teil unserer Luft waren, nun jedoch durch menschliches Handeln in gewaltigen Mengen auftreten. Dadurch verändert sich die Zusammensetzung unserer Atmosphäre, was wiederum zur Erderwärmung führt. Ruß ist zwar kein Gas, sondern besteht aus Kohlenstoffteilchen, aber wir pusten ihn genauso in die Luft, wie die anderen Schadstoffe.

Diese Grafik veranschaulicht, in welchem Maß die einzelnen Schadstoffe zum Klimawandel beitragen. Mit einem Anteil von 43 % ist Kohlendioxid die Hauptursache der Luftverschmutzung.

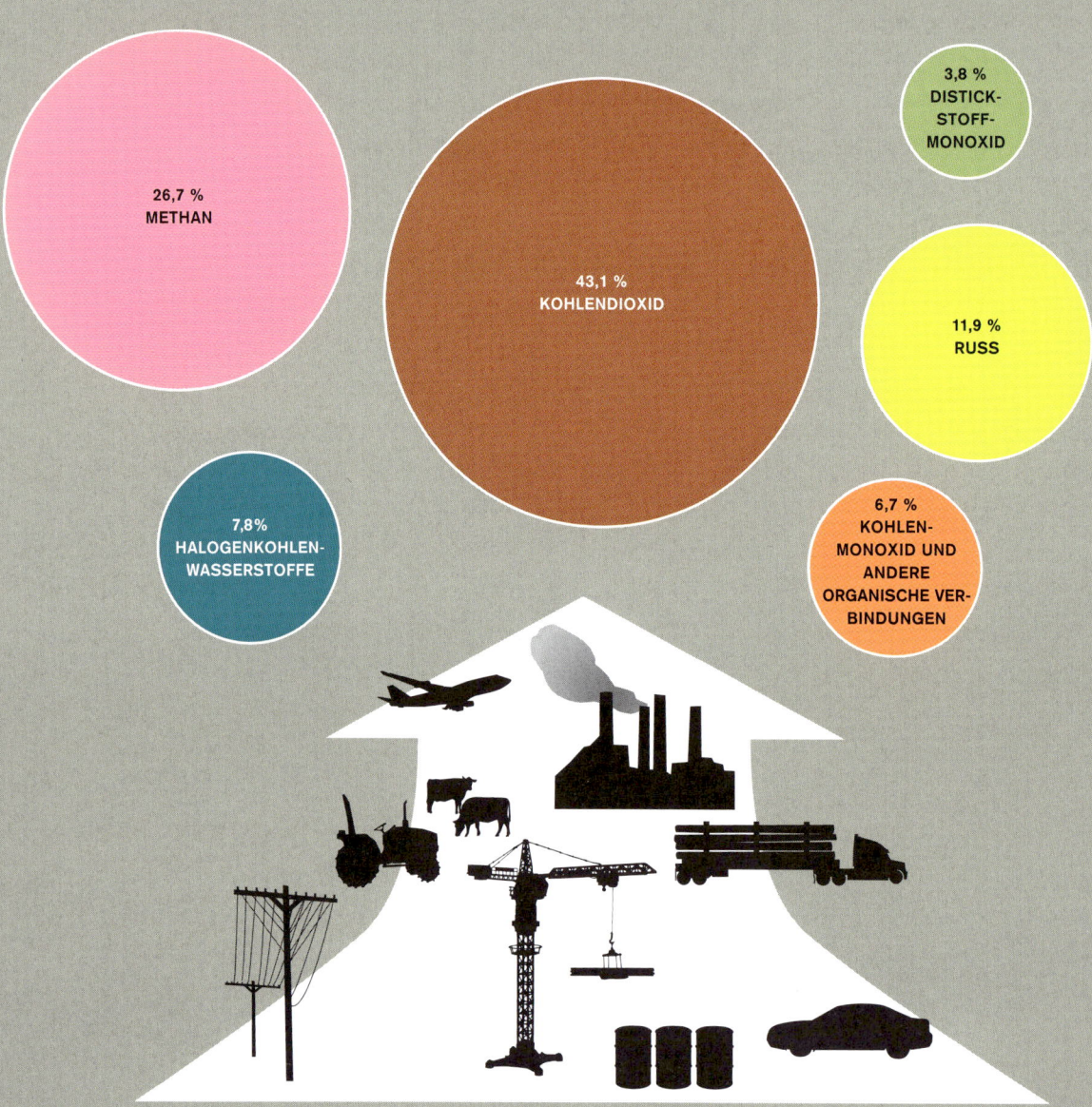

26,7 %
METHAN

43,1 %
KOHLENDIOXID

3,8 %
DISTICK-
STOFF-
MONOXID

11,9 %
RUSS

7,8%
HALOGENKOHLEN-
WASSERSTOFFE

6,7 %
KOHLEN-
MONOXID UND
ANDERE
ORGANISCHE VER-
BINDUNGEN

1. KOHLENDIOXID

Das Gas Kohlendioxid (CO_2) ist die Hauptursache der Erderwärmung. Eigentlich ist es seltsam, dass es die Luft verschmutzt, denn es ist ein natürliches Element unserer Atmosphäre. Zusammen mit anderen sogenannten Treibhausgasen sorgt es nämlich dafür, dass unsere Erde warm genug ist, um das Leben darauf überhaupt erst zu ermöglichen. Das Problem besteht jedoch darin, dass wir der Luft zusätzlich gewaltige Mengen von CO_2 zuführen, und dadurch wird es auf der Erde noch wärmer.

Kohlendioxid ist nicht nur Hauptauslöser der Erderwärmung, sondern auch das Treibhausgas, das am meisten von uns produziert wird. Jedes Mal, wenn etwas verbrannt wird, entweicht CO_2 in die Luft.

Kohlendioxid entsteht vor allem bei der Verbrennung von Erdöl, Kohle und Erdgas, den fossilen Brennstoffen. Man nennt sie *fossile* Brennstoffe, weil es sich dabei im Grunde tatsächlich um Fossilien handelt: Vor Hunderten von Millionen Jahren gab es Pflanzen oder winzige Lebewesen, die aus der Atmosphäre Kohlenstoff bezogen. Nach ihrem Tod wurden viele von ihnen tief unter der Erde verschüttet. Im Laufe der Jahrmillionen verwandelten sie sich dort in Erdöl, Erdgas und Kohle.

Wenn die Menschen heute diese Pflanzenfossilien abbauen und verbrennen, gelangt all der Kohlenstoff in die Atmosphäre zurück.

Wir verbrennen Öl in Autos, Lastwagen und Flugzeugen. Wir verbrennen Kohle, um elektrischen Strom zu erzeugen. Wir verbrennen Öl und Gas, um Maschinen anzutreiben und Häuser zu beheizen. Deshalb besteht eine Lösung für das Klimaproblem darin, neue Energiequellen zu finden. So lässt sich etwa mithilfe von Wind und Sonne Elektrizität erzeugen, ohne dass Kohlendioxid entsteht.

Industrieländer wie die europäischen Staaten, die USA und China haben den weltweit größten Anteil am Verbrauch fossiler Brennstoffe. Doch ein Großteil der Umweltverschmutzung durch CO_2 entsteht in den Entwicklungsländern, in denen die Bauern ganze Waldstücke niederbrennen, um Felder anzulegen, oder jedes Jahr aufs Neue ihre Ernterückstände verbrennen, um den Feldboden mit der Asche düngen zu können. Dabei entstehen riesige Mengen an CO_2. Um den Klimawandel aufzuhalten, müssen wir deshalb Lösungen finden, die in *allen* Ländern der Erde übernommen werden können.

SO ENTSTEHEN TREIBHAUSGASE UND RUSS

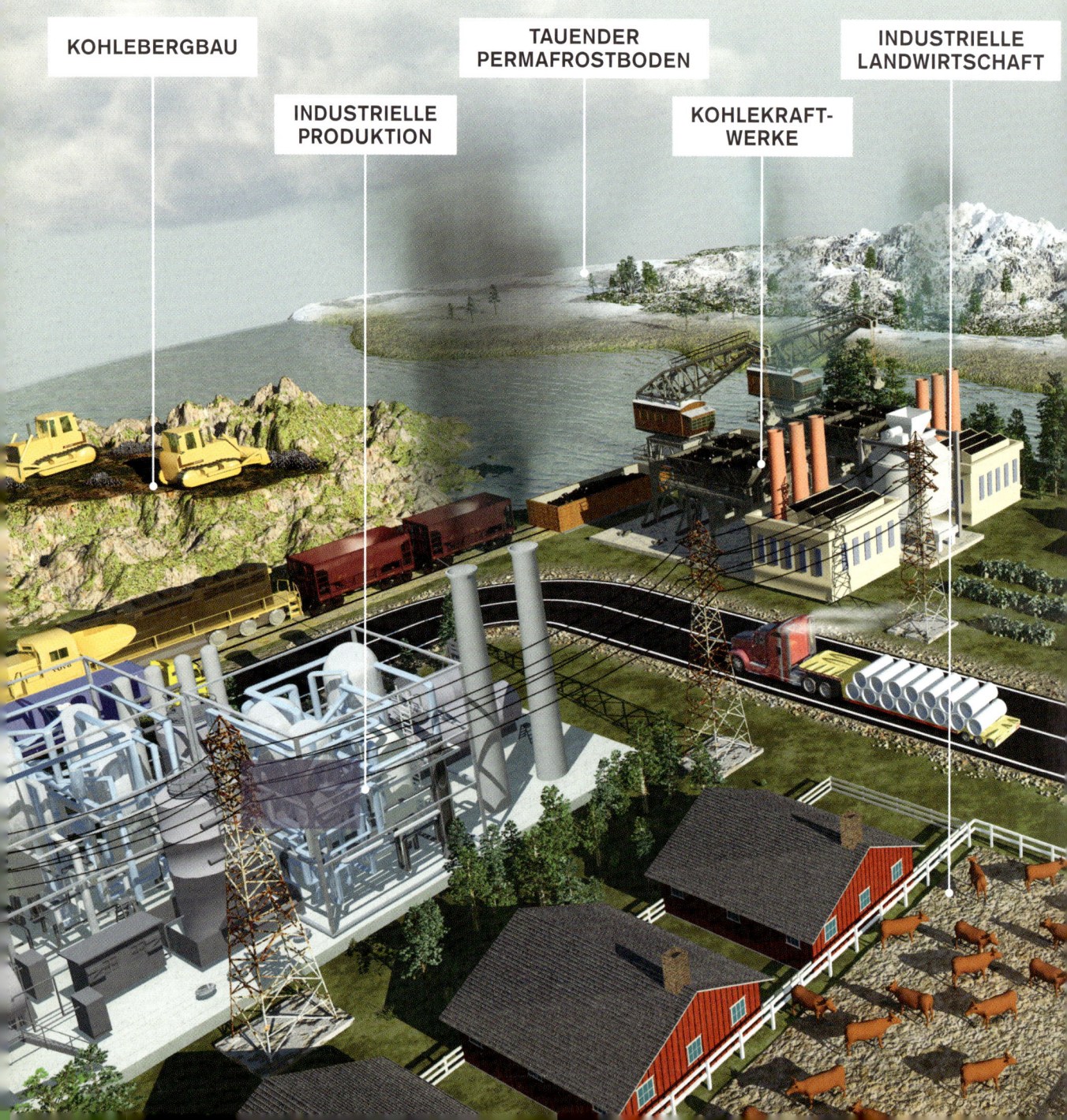

KOHLEBERGBAU

INDUSTRIELLE PRODUKTION

TAUENDER PERMAFROSTBODEN

KOHLEKRAFT-WERKE

INDUSTRIELLE LANDWIRTSCHAFT

Die Schadstoffe, die für die Erderwärmung verantwortlich sind, entstehen durch ganz unterschiedliche Tätigkeiten. Kohlendioxid wird immer dann produziert und an die Luft abgegeben, wenn wir etwas verbrennen: Wenn wir Kohle verbrennen, um elektrischen Strom zu erzeugen, wenn unsere Autos Diesel oder Benzin verbrennen oder wenn wir mit Kohle, Erdgas oder Heizöl heizen. Methan wird von den Abermillionen von Kühen und anderen Nutztieren produziert, aber auch von Reisfeldern und dem tauenden Permafrostboden freigesetzt. Außerdem steigt es von Müllhalden und undichten Gasleitungen auf. Und wenn Wälder, Felder und Grasland brennen, bilden sich winzige Kohlenstoffpartikel in der Luft – der Ruß.

DÜNGEMITTEL

VERBRENNUNG VON ERNTERÜCKSTÄNDEN

STRASSENVERKEHR

MÜLLDEPONIEN

ÖLPRODUKTION

WALDBRÄNDE

Die gute Nachricht in Sachen CO₂: Wenn wir ab morgen kein zusätzliches CO₂ produzieren, würde innerhalb von 30 Jahren die Hälfte des durch Menschen erzeugten CO₂ wieder aus der Atmosphäre verschwinden.

Und die schlechte Nachricht: 20 % des CO₂, das dieses Jahr durch uns in die Luft gelangt, wird dort 1000 Jahre lang bleiben. Das ist schlimm, denn wir geben an jedem einzelnen Tag 90 Millionen Tonnen CO₂ an die Luft ab!

Die gute Nachricht bedeutet, dass wir immer noch Zeit haben zu handeln. Wenn wir sofort damit anfangen, könnten wir die schlimmsten Folgen der Erderwärmung vermeiden.
Die schlechte Nachricht aber bedeutet, dass wir jetzt nicht mehr länger warten dürfen.

DER TREIBHAUSEFFEKT

Kohlendioxid und Methan sind zwei der sogenannten Treibhausgase: Wie das Glasdach eines Gewächshauses halten sie Wärme zurück, die von der Erde aufsteigt.

Sonnenenergie in Form von Sonnenlicht dringt durch die Atmosphäre und trifft auf die Oberfläche unseres Planeten. Ein Teil dieser Energie wird in Form von Wärme (infrarote Strahlung) ins Weltall zurückgeworfen. CO₂ und andere Treibhausgase reflektieren die restliche infrarote Strahlung und schließen sie in der Atmosphäre ein.

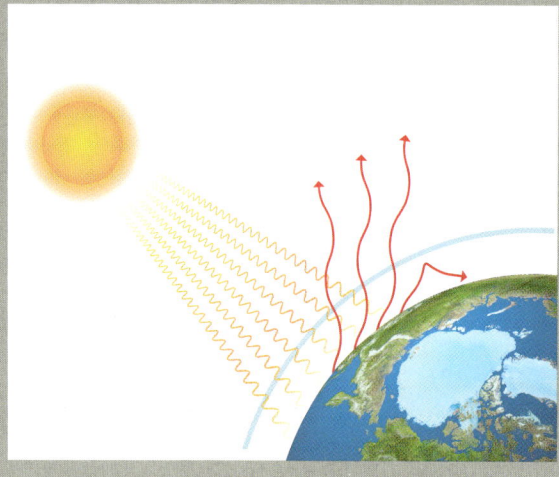

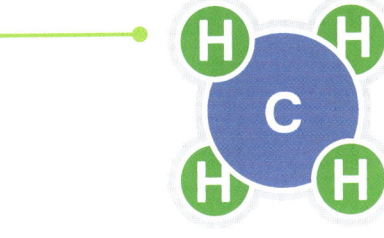

2. METHAN

Die zweitwichtigste Ursache für den Klimawandel ist Methan. Ebenso wie CO_2 kommt auch Methan in der Natur vor. Das Erdgas, mit dem wir kochen und heizen, besteht größtenteils aus Methan. Doch auch von diesem Gas geben wir große Mengen an die Atmosphäre ab.

Wir erzeugen zwar weniger Methan als Kohlendioxid. Aber Methan kann auf Dauer die Wärme noch wesentlich besser auf der Erde zurückhalten als CO_2. Deshalb ist es eine weitere maßgebliche Ursache für die Klimaerwärmung.

Eine wesentliche Quelle von Methan ist die Viehhaltung: Kühe, Schweine und Hühner produzieren bei ihrer Verdauung dieses Treibhausgas. Auf der Erde leben ungefähr 1,5 Milliarden Kühe, und sie alle erzeugen Methan – das meiste davon, wenn sie rülpsen, der Rest verlässt ihren Körper am entgegengesetzten Ende.

Auch der Permafrostboden der Arktis erzeugt Methan. Er war über Tausende von Jahren gefroren. Doch durch die Klimaerwärmung taut er nun wieder auf.

Dabei tauen allerdings auch die Pflanzenabfälle auf, die sich im Permafrostboden befinden, verfaulen und geben Methan ab.

Wenn der Permafrostboden weiter schmilzt, werden riesige Mengen an Methan in die Atmosphäre gelangen. Das Methan wird den Treibhauseffekt verstärken, dadurch taut der Permafrostboden noch mehr auf und setzt noch mehr Methan frei ... – ein Teufelskreislauf. Dies ist ein weiterer Grund, warum wir rasch handeln müssen, bevor die Situation außer Kontrolle gerät.

Aber auch in Sachen Methan gibt es eine gute Nachricht: Erdgas ist einer der Brennstoffe, mit dem Menschen ihre Häuser beheizen und Raffinerien Geld verdienen. Ein großer Anteil des in die Atmosphäre entweichenden Methans stammt dabei aus undichten Gasleitungen und defekten Raffinerien. Aber je mehr sich die Raffinerien bemühen, solche Leckstellen zu vermeiden, desto größer können ihre Gewinne sein. (Mehr darüber im 6. Kapitel.)

3. RUSS

Ruß besteht aus kleinen Kohlenstoffteilchen, die in der Luft schweben, und ist der drittgrößte Auslöser des Klimawandels. Ruß ist zwar kein Treibhausgas wie Kohlendioxid oder Methan und hält auch keine Wärme zurück. Aber seine Teilchen nehmen Sonnenwärme auf, die dann in die Atmosphäre eindringt.

Ruß entsteht vor allem bei der Verbrennung von Wäldern und Grasland, wie sie in Brasilien, Indonesien und zentralafrikanischen Ländern üblich ist. Hier brennen die Menschen ganze Waldstücke ab, um Felder und Weiden anzulegen. Waldbrände produzieren viel Ruß, wenn auch nicht ganz so viel wie das Verbrennen von Holz, Kohle oder getrocknetem Kuhdung zur Beheizung der Wohnräume. Auch aus den Auspuffen von Lastwagen, Autos und Bussen, die mit Diesel fahren, wird jede Menge Ruß in die Luft gepustet.

Riesige rußgefüllte Wolken bilden sich über weiten Teilen Europas und Asiens, bevor sie über den Pazifischen und Indischen Ozean ziehen. Ruß bleibt gewöhnlich nicht lange in der Atmosphäre, weil ihn der Regen aus der Luft wäscht. Allerdings steigt jeden Tag wieder neuer Ruß auf.

DER KAMPF GEGEN DEN SMOG VON 1952

Der berühmte Londoner Nebel bestand größtenteils aus Rauch und Ruß. Verursacht wurde er von den Kohlefeuern, die in Fabriken und Wohnhäusern brannten. Im Dezember 1952 senkte sich über London fünf Tage lang ein furchtbarer Smog herab, der 4000 Menschenleben forderte. Diese Katastrophe veranlasste das Land zu schnellem Handeln. 1956 erließ das Parlament ein Gesetz, das offene Kohleöfen verbot. Von da an wurden Energielieferanten verwendet, die weniger Ruß erzeugten, wie Gas, Öl und Elektrizität. Seither ist der Smog nicht mehr Teil des Londoner Alltags. Dies ist ein gutes Beispiel dafür, wie Maßnahmen der Regierung die Umwelt und die Menschen schützen können. Heute sind staatliche Maßnahmen gegen den Klimawandel notwendig.

EIN STRAHLENDES PROBLEM

Uns kommt es so vor, als würde der Vollmond sehr hell scheinen. Doch er scheint gar nicht selbst, sondern reflektiert nur das Licht der Sonne. Betrachtete man die Erde vom Weltraum aus, würde sie ebenfalls scheinen, da sie das Sonnenlicht genauso reflektiert wie der Mond. Die Fähigkeit der Erde, Sonnenlicht zu reflektieren, ist für unser Klima sehr wichtig.

Dunkle Oberflächen nehmen Wärme in sich auf, während helle Oberflächen Wärme reflektieren. Auch das spielt bei der Entstehung unseres Klimas eine große Rolle. Denn die weitläufigen Eiskappen der Pole reflektieren das Sonnenlicht, sodass es in den Weltraum zurückstrahlt (siehe Abbildung 1). Ebenso verhält es sich mit den Gletschern des Himalajas und anderer Gebirge.

Wenn aber Rußpartikel vom Himmel zurück auf die Erde gelangen, tragen sie leider zur Erderwärmung bei. Fallen sie nämlich auf Eis und Schnee, können diese das Sonnenlicht nicht mehr reflektieren. Stattdessen nimmt die Rußschicht es auf, was wiederum das Eis zum Schmelzen bringt. Und je mehr Eis schmilzt, desto weniger bleibt übrig, um die Sonnenwärme zurückstrahlen zu lassen (siehe Abbildungen 2 bis 4). Der Ruß und das Abschmelzen der Polkappen bewirken, dass die Erde ihre natürliche Fähigkeit verliert, Sonnenlicht zu reflektieren. Dadurch wird es immer schwieriger, den Klimawandel zu stoppen.

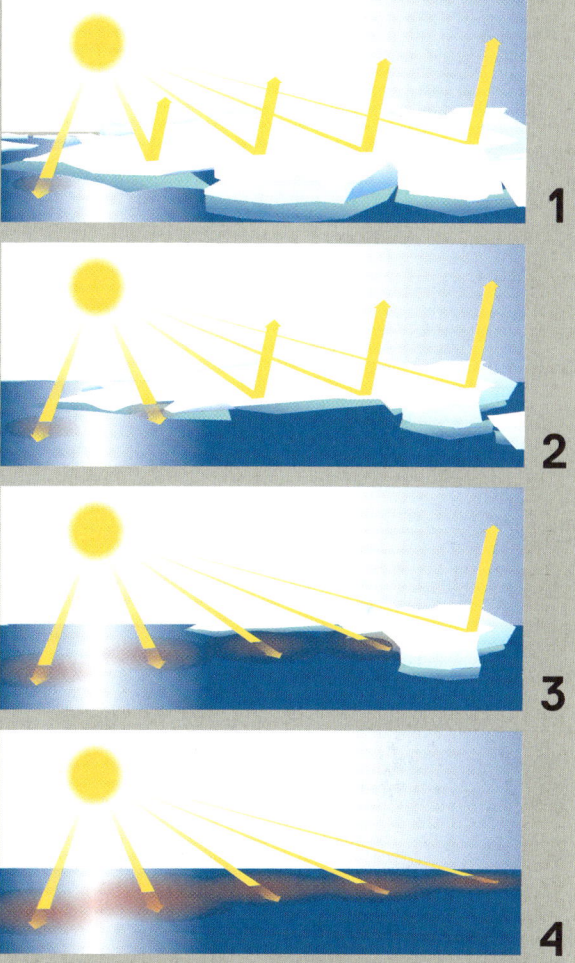

Albedo: Die Skala der Strahlkraft

Mit dem Begriff »Albedo« beschreiben Wissenschaftler, wie stark etwas das Sonnenlicht reflektiert. Ein Gegenstand mit 0 % Albedo ist schwarz. Ein Gegenstand mit 100 % Albedo ist weiß. Schnee und Eis erreichen eine hohe Albedo und reflektieren sehr viel Sonnenlicht und Wärme. Aber weil Polkappen und Gletscher schmelzen, strahlt die Erde nicht mehr so viel Wärme ab. Das wiederum trägt zur Erderwärmung bei.

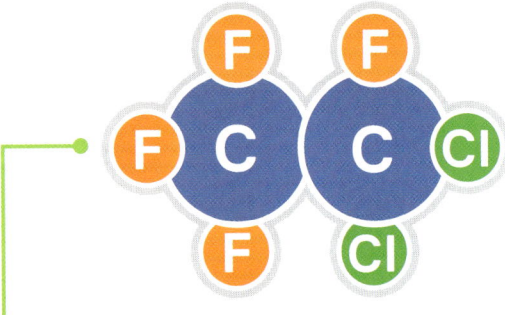

4. HALOGENKOHLEN-WASSERSTOFFE

Die viertwichtigste Ursache der Erderwärmung sind die Halogenkohlenwasserstoffe. FCKW (Flurchlorkohlenwasserstoffe) waren früher Bestandteil von Haarsprays und Klimaanalagen. Diese Untergruppe der Halogenkohlenwasserstoffe wurde schlagartig bekannt, als man in den 1980er-Jahren entdeckte, dass sie für das Loch in der Ozonschicht verantwortlich war. Die Ozonschicht ist ein Teil unserer Atmosphäre und schirmt die Erde vor schädlichen Strahlungen ab. Ohne sie wäre auf der Erde kein Leben möglich.

1987 beschlossen die Regierungen der Welt, etwas gegen das Ozonloch zu unternehmen. Sie unterzeichneten das Montreal-Protokoll, das die Herstellung und Verwendung von Halonen einschränkte. Als Folge davon nahm diese Form der Umweltverschmutzung zwar allmählich ab – aber der Ausstoß von Halogenkohlenwasserstoffen muss noch weiter zurückgefahren werden.

In vielerlei Hinsicht ist die Reaktion auf das Ozonproblem mit der Reaktion auf den Klimawandel vergleichbar. Zunächst behaupteten viele Wirtschaftsbosse und Politiker, es gäbe gar kein Problem. Doch als schließlich die Tatsachen unumstößlich bewiesen waren, handelten die Regierungen rasch und arbeiteten zusammen. Das zeigt, dass die Nationen der Welt durchaus in der Lage sind, gemeinsam schwerwiegende Umweltprobleme zu lösen.

5. KOHLENMONOXID UND ANDERE ORGANISCHE VERBINDUNGEN

Ebenfalls für die Erderwärmung verantwortlich ist eine Gruppe chemischer Stoffe, zu denen Kohlenmonoxid zählt. In Industrieländern kommt Kohlenmonoxid hauptsächlich aus Autoauspuffen, in weniger entwickelten Ländern ist das Abbrennen von Wäldern und Feldern Hauptursache seiner Entstehung.

6. DISTICKSTOFFMONOXID

Der letzte wichtige Auslöser der Erderwärmung ist Distickstoffmonoxid, das

vor allem von Kunstdüngern an die Luft abgegeben wird. Ebenso wie Kohlenwasserstoff zählt zwar auch Stickstoff zu den Grundelementen, die Pflanzen zur Zellbildung benötigen. Trotzdem schadet ein Zuviel an Stickstoff der Umwelt.

Vor hundert Jahren gab es noch keinen Kunstdünger. Damit die Pflanzen besser wuchsen, düngten die Bauern den Boden mit Mist. Außerdem säten sie zwischendurch auch Pflanzen, die den Boden mit Stickstoff anreicherten, wie z. B. Sojabohnen. In der modernen industriellen Landwirtschaft dagegen werden heute tonnenweise künstliche Düngemittel eingesetzt,

um dem Boden Stickstoff zuzuführen. Das ermöglicht den großflächigen Anbau von Nutzpflanzen. Allerdings verschmutzen Kunstdünger die Umwelt gleich mehrfach. Erstens werden bei der industriellen Herstellung von Kunstdünger große Mengen an fossilen Brennstoffen verbrannt, wodurch CO_2 entsteht, der Hauptauslöser der Erderwärmung. Sobald man den Kunstdünger auf den Boden streut, entsteht zweitens Distickstoffmonoxid. Und drittens gelangt überschüssiger Kunstdünger früher oder später in die Gewässer und verursacht dort weitere Umweltprobleme.

Distickstoffmonoxid spielt im Prozess der Erderwärmung eine kleine, aber bedeutsame Rolle – die sich drastisch reduzieren ließe. Dazu müssten wir z. B. den Einsatz von Kunstdüngern einschränken. Dies allein würde schon wesentlich dazu beitragen, den Klimawandel zu stoppen.

Die Ursachen für das Klimaproblem sind leicht zu beschreiben: Es sind vor allem sechs chemische Schadstoffe, die die Erderwärmung immer weiter fortschreiten lassen und deren Produktion wir drastisch reduzieren müssen. Gleichzeitig müssen wir uns überlegen, wie wir die Luft von diesen Stoffen reinigen können. Denn: Was aufsteigt, kommt auch wieder runter!
Aber wenn sich ein Problem leicht beschreiben lässt, heißt das noch lange nicht, dass man es auch leicht lösen kann. Die Schwierigkeit besteht hauptsächlich darin, Menschen in aller Welt klarzumachen, dass gehandelt werden muss. Die Menschen müssen einsehen, dass wir nur eine Wahl haben – sofort zu handeln.

27

2. Kapitel

Wir brauchen (kohlenstoff-freie) Energie

Um den Klimawandel zu stoppen, müssen wir Energie erzeugen, ohne noch mehr Kohlenstoff freizusetzen.

Wenn wir Auto fahren, nutzen wir Energie. Wenn wir das Licht einschalten, nutzen wir Energie. Wenn wir zu Hause die Heizung aufdrehen, nutzen wir Energie.

Unsere moderne Lebensweise verbraucht viel Energie. Den Großteil dieser Energie erhalten wir durch das Verbrennen von Öl, Kohle und Gas, den fossilen Brennstoffen.

Dabei werden gewaltige Mengen an Kohlendioxid an die Atmosphäre abgegeben. Dieses zusätzliche CO_2 ist die Hauptursache der Erderwärmung.

Wir sind aber bereits in der Lage, Energie zu erzeugen, ohne dass dabei CO_2 entsteht. - - - - - - - - - - - - - - - -

◀ Erdgasgewinnung vor der Küste Thailands. Auf vielen Erdgas- und Ölplattformen werden Überschüsse abgefackelt. Auch auf diese Weise gelangt CO_2 aus fossilen Brennstoffen in die Atmosphäre.

Sonnenenergie, Windkraft und Erdwärme erzeugen nahezu kein CO_2. Wenn wir nur wollten, könnten wir von Energie, die den Klimawandel auslöst, auf Energie umsteigen, die kein CO_2 freisetzt. Das Schwierigste an diesem Umstieg ist, die Menschen von seiner Notwendigkeit zu überzeugen.

KOHLE UND DAMPFKRAFT

Die längste Zeit in der Geschichte haben Menschen Energie erzeugt, indem sie Holz verbrannten. Durch das Verbrennen von Holz steigt der Gehalt an CO_2 in der Atmosphäre nicht an, vorausgesetzt es wachsen neue Bäume, die den Kohlenstoff wieder aus der Luft aufnehmen. Dieser Kreislauf kann immer weiter bestehen – solange die Menschen nicht zu viele Bäume fällen.

Doch mit der Weltbevölkerung wuchs auch die Nachfrage nach Feuerholz. Um 500 n. Chr. waren ungefähr 95 % der Fläche Europas von Wald bedeckt. Bereits im frühen 17. Jahrhundert gab es den Großteil dieser Wälder nicht mehr. Die Menschen brauchten eine neue Energiequelle und verwendeten vermehrt Kohle.

Mitte des 18. Jahrhunderts begann in Großbritannien die industrielle Revolution. Maschinen ersetzten die Muskelkraft von Menschen und Tieren. Die Produktion von Eisen und Stahl wurde gesteigert. Dadurch stieg der Bedarf an Kohle noch stärker an, denn die zum Schmelzen der Metalle erforderlichen hohen Temperaturen konnten nur mit Kohlefeuer erreicht werden.

Je mehr Kohle gebraucht wurde, desto tiefer mussten die Bergarbeiter danach graben. So tief, dass die Gänge der Bergwerke manchmal mit Wasser vollliefen. Doch dank der Erfindung der Dampfmaschine war es möglich, sie wieder auszupumpen.

Die Dampfmaschinen fanden bald auch in vielen anderen Bereichen Verwendung. Sie ersetzten Zugtiere, Erntearbeiter und sogar die Windkraft, die Segelschiffe und Windmühlen angetrieben hatte. Die Energie für alle diese Arbeiten wurde durch die Verbrennung von Kohle erzeugt.

Auch heute noch sind Kohle und Dampfkraft eng miteinander verbunden. Weltweit wird fast die Hälfte der Energie durch Kohlefeuer zur Erzeugung von Dampf produziert. Die Dampfkraft treibt eine riesige Turbine an. Die Welle der Turbine dreht Magnete in einem Stromgenerator. Die Magnete drehen sich in einer Spule – oder eine Spule dreht sich in einem Magneten –, und dadurch entsteht elektrischer Strom. (Siehe Grafik auf Seite 33.)

SO ERZEUGEN TURBINEN STROM

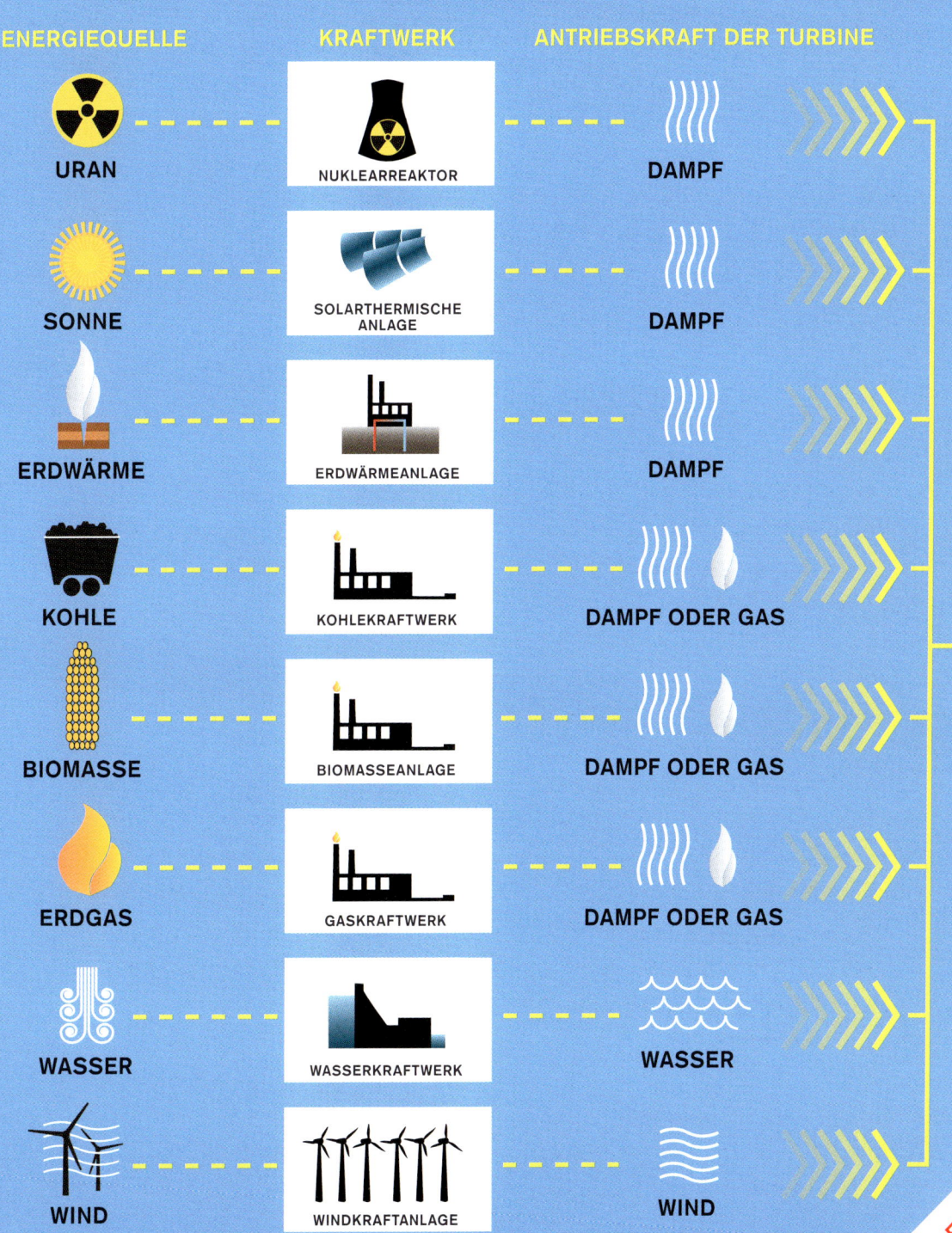

ENERGIEQUELLE **KRAFTWERK** **ANTRIEBSKRAFT DER TURBINE**

URAN — NUKLEARREAKTOR — DAMPF

SONNE — SOLARTHERMISCHE ANLAGE — DAMPF

ERDWÄRME — ERDWÄRMEANLAGE — DAMPF

KOHLE — KOHLEKRAFTWERK — DAMPF ODER GAS

BIOMASSE — BIOMASSEANLAGE — DAMPF ODER GAS

ERDGAS — GASKRAFTWERK — DAMPF ODER GAS

WASSER — WASSERKRAFTWERK — WASSER

WIND — WINDKRAFTANLAGE — WIND

DAMPF, GAS, WASSER ODER WIND TREIBEN EINE STROM ERZEUGENDE TURBINE AN.

AUF DER NÄCHSTEN SEITE GEHT'S WEITER!

SO ERZEUGEN TURBINEN STROM

DIE TURBINE
Eine Turbine ist wie ein großer Ventilator. Dampfkraft, heißes Gas, Wasser
oder Wind drehen die Schaufeln der
Turbine.

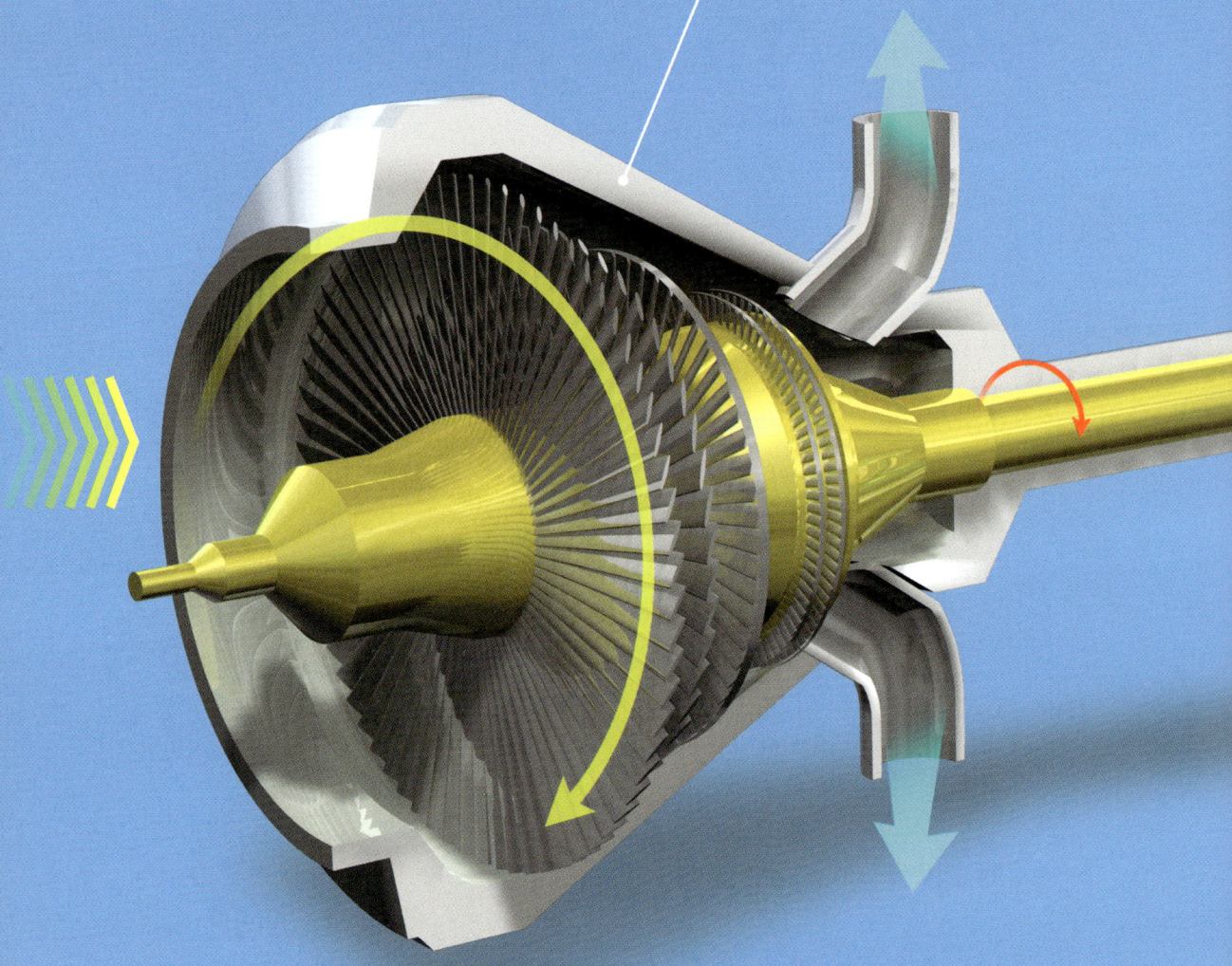

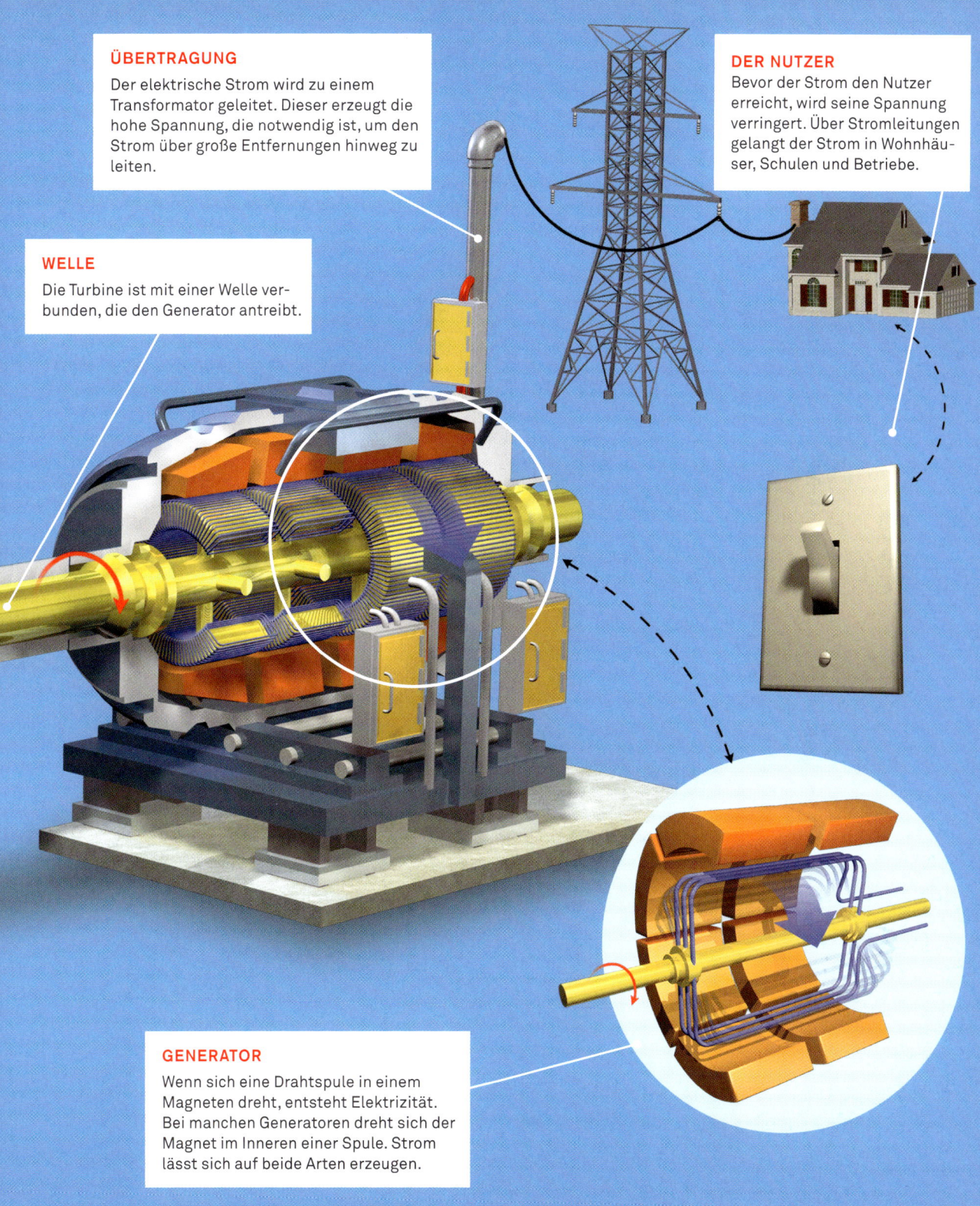

ÜBERTRAGUNG

Der elektrische Strom wird zu einem Transformator geleitet. Dieser erzeugt die hohe Spannung, die notwendig ist, um den Strom über große Entfernungen hinweg zu leiten.

DER NUTZER

Bevor der Strom den Nutzer erreicht, wird seine Spannung verringert. Über Stromleitungen gelangt der Strom in Wohnhäuser, Schulen und Betriebe.

WELLE

Die Turbine ist mit einer Welle verbunden, die den Generator antreibt.

GENERATOR

Wenn sich eine Drahtspule in einem Magneten dreht, entsteht Elektrizität. Bei manchen Generatoren dreht sich der Magnet im Inneren einer Spule. Strom lässt sich auf beide Arten erzeugen.

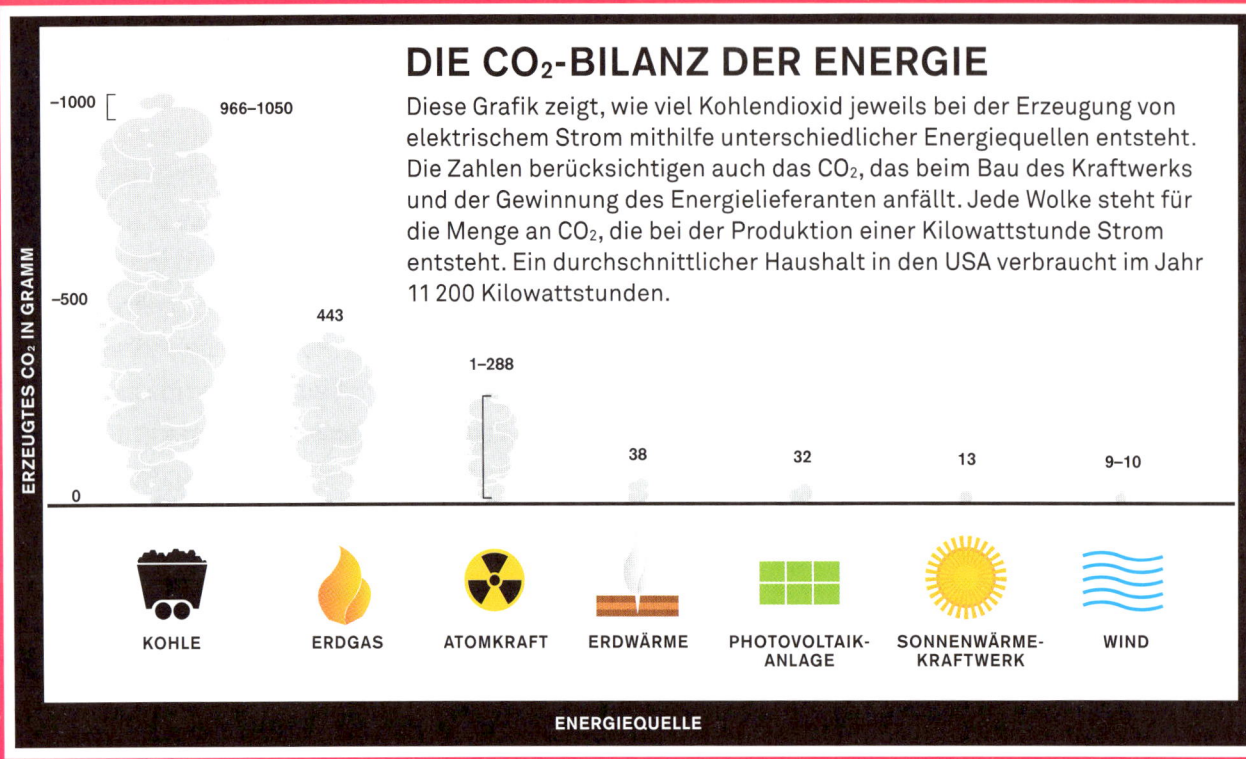

DIE CO₂-BILANZ DER ENERGIE

Diese Grafik zeigt, wie viel Kohlendioxid jeweils bei der Erzeugung von elektrischem Strom mithilfe unterschiedlicher Energiequellen entsteht. Die Zahlen berücksichtigen auch das CO_2, das beim Bau des Kraftwerks und der Gewinnung des Energielieferanten anfällt. Jede Wolke steht für die Menge an CO_2, die bei der Produktion einer Kilowattstunde Strom entsteht. Ein durchschnittlicher Haushalt in den USA verbraucht im Jahr 11 200 Kilowattstunden.

ERZEUGTES CO₂ IN GRAMM

-1000

966–1050

-500

443

1–288

38   32   13   9–10

0

KOHLE · ERDGAS · ATOMKRAFT · ERDWÄRME · PHOTOVOLTAIK-ANLAGE · SONNENWÄRME-KRAFTWERK · WIND

ENERGIEQUELLE

FLÜSSIGE ENERGIE

Knapp die Hälfte unserer Energie wird aus Kohle gewonnen, dabei ist Kohle gar nicht die größte Energiequelle auf unserem Planeten, sondern Erdöl. Benzin, Diesel, Heizöl, Propan und Kerosin sind nur einige der vielen aus Erdöl gewonnenen Energieprodukte.
Über die Hälfte des raffinierten Erdöls wird von Autos und Lastwagen verbrannt. Mit dem übrigen Öl werden größtenteils Maschinen betrieben. Ein kleinerer Teil des Öls dient als Rohstoff für die Herstellung chemischer Produkte wie Plastik oder Nylon. Weniger als 10 % werden als Heizöl verbraucht, weniger als 6 % dienen zur Erzeugung von elektrischem Strom.

Obwohl die Welt von Erdöl als Energiequelle abhängig ist, kommt es nur in einigen wenigen Ländern vor. Das bedeutet, dass die meisten anderen Länder es importieren müssen. Die größten Erdölvorkommen liegen im Nahen Osten, wo der Kampf um das Öl immer wieder Auslöser von Kriegen und Konflikten war und ist. Aus zahlreichen Gründen ist es deshalb ratsamer, Energie im eigenen Land zu produzieren, anstatt sie zu importieren.

IST ERDGAS BESSER?

Erdgas kommt mitunter an denselben Orten wie Erdöl vor, manchmal aber auch an anderen. Heute liefert es 23 % der weltweit genutzten Energie. Ein Drittel wird verbrannt, um Strom zu erzeugen. Außerdem wird mit Erdgas geheizt und gekocht.

Bei der Verbrennung der drei fossilen Brennstoffe Kohle, Öl und Erdgas entsteht CO_2, wenn auch in unterschiedlichen Mengen. Öl erzeugt weniger CO_2 als Kohle, bei Erdgas ist die CO_2-Bilanz noch besser: Es entsteht nur halb so viel CO_2 wie aus der Verbrennung von Kohle.

Deshalb sind viele Leute der Ansicht, wir sollten auf Erdgas umsteigen, bis wir neue Energiequellen gefunden haben. Doch weil der Klimawandel schon so weit fortgeschritten ist, ist dies keine gute Lösung. Denn das Verbrennen von Erdgas hat bereits einen Anteil von 20 % an der Luftverschmutzung mit CO_2. Wenn wir aber das Schlimmste verhindern wollen, müssen wir alle Arten der Energieerzeugung aufgeben, bei denen CO_2 entsteht – und das sofort.

WO KOMMT EIGENTLICH DER STROM HER?

Elektrizität hat als Energielieferant weltweit am stärksten an Bedeutung gewonnen. Sie treibt unsere Haushaltsgeräte, unsere Computer oder unsere MP3-Player an und spendet uns Licht. Wir nutzen sie jeden Tag, ohne darüber nachzudenken.

Elektrischer Strom ist zwar ein Energieträger, aber keine Energie*quelle.* Er wird wiederum aus anderen Energiequellen erzeugt. Und genau das ist das Problem. Vielleicht kauft sich jemand, um die Luftverschmutzung mit CO_2 einzuschränken, ein Elektroauto. Doch wenn er es mit Elektrizität auflädt, die mit Kohle produziert wurde, ist er immer noch für die Entstehung von CO_2 verantwortlich, selbst wenn sein Auto kein CO_2 an die Luft abgibt. Ein Elektroauto ist nur dann wirklich umweltfreundlich, wenn es kohlenstofffreie Elektrizität nutzt. Deshalb ist es wichtig zu wissen, wo der Strom eigentlich herkommt.

Über 60 % unserer Elektrizität werden mithilfe von fossilen Brennstoffen erzeugt. Die übrigen 40 % werden produziert, ohne dass dabei viel CO_2 entsteht: 20 % werden von Wasserkraftwerken geliefert, 15 % von Atomkraftwerken. Aber nur ein sehr kleiner Teil wird durch Sonnenenergie, Erdwärme und Windkraft gewonnen.

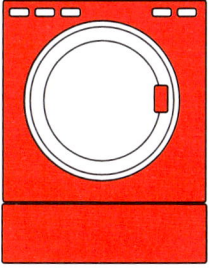

CO₂-FREIE ERNEUERBARE ENERGIEN

Glücklicherweise stehen uns im Grunde unbegrenzte Mengen an Energie mit niedrigem CO_2-Ausstoß zur Verfügung. Die Menge an Energie, die von der Sonne in nur 50 Tagen an die Erde abgegeben wird, entspricht der Gesamtmenge an Energie sämtlicher fossiler Brennstoffe der Welt – einschließlich derer, die noch im Boden ruhen. Das bedeutet, dass mehr als genug Sonnenenergie zur Verfügung steht, um den Klimawandel zu stoppen – vorausgesetzt, wir nutzen sie auch.

Neben dem Sonnenlicht gibt es auch noch Wasserkraft, Windkraft und Erdwärme. Wenn wir wollten, könnten wir die CO_2-erzeugenden fossilen Brennstoffe vollständig durch erneuerbare Energiequellen ersetzen. Quellen, die nie versiegen werden.

Doch um an diese erneuerbaren Energien zu kommen, müssen wir viel Geld investie-

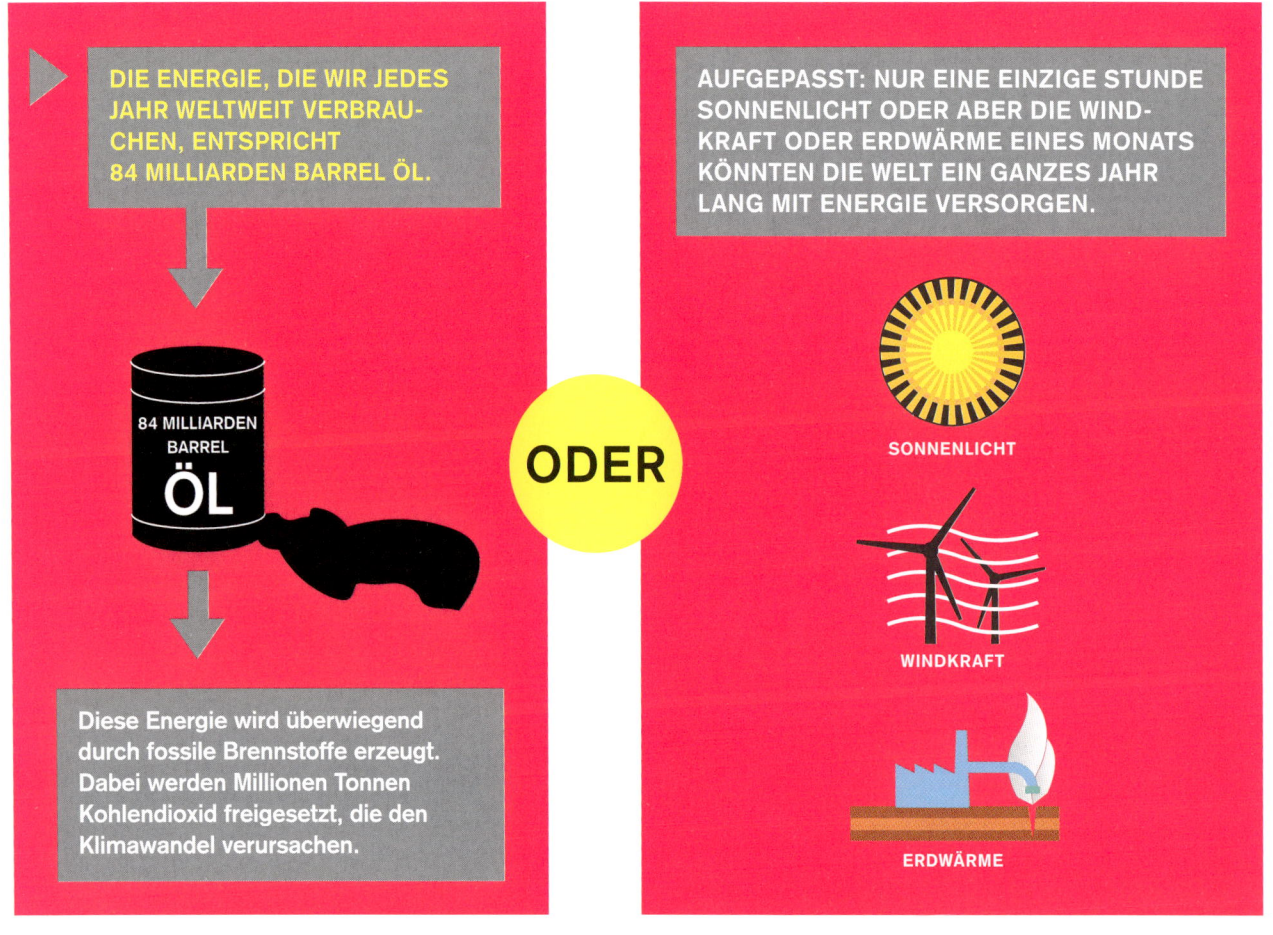

DIE ENERGIE, DIE WIR JEDES JAHR WELTWEIT VERBRAUCHEN, ENTSPRICHT 84 MILLIARDEN BARREL ÖL.

84 MILLIARDEN BARREL ÖL

ODER

Diese Energie wird überwiegend durch fossile Brennstoffe erzeugt. Dabei werden Millionen Tonnen Kohlendioxid freigesetzt, die den Klimawandel verursachen.

AUFGEPASST: NUR EINE EINZIGE STUNDE SONNENLICHT ODER ABER DIE WINDKRAFT ODER ERDWÄRME EINES MONATS KÖNNTEN DIE WELT EIN GANZES JAHR LANG MIT ENERGIE VERSORGEN.

SONNENLICHT

WINDKRAFT

ERDWÄRME

ren. Wir müssen die Technologie verbessern, ein erweitertes Stromnetz aufbauen und unsere Benzin- und Dieselautos gegen neue Elektroautos eintauschen.

Wir wissen, dass all dies möglich ist. Wenn neue Erfindungen auf den Markt kommen, wie etwa ein neues Fernsehgerät, eine neue Digitalkamera oder ein neuartiges Handy, sind sie zunächst immer sehr teuer. Aber je mehr Leute sie kaufen, je mehr Firmen sie herstellen wollen, desto billiger werden sie. Genau das Gleiche passiert gerade mit erneuerbaren Energien. Solaranlagen und Windturbinen sind heute noch teuer, aber diese Kosten werden sinken. Wir können dazu beitragen, indem wir unsere Regierungen dazu bringen, in Forschung und Entwicklung zu investieren.

Gemeinsam sollten wir unsere Städte und Gemeinden davon überzeugen, mehr kohlenstofffreie, erneuerbare Energien zu kaufen.
Dadurch wird nicht nur der Ausstoß an CO_2 sinken, sondern auch der Preis dieser sauberen Energie.

Sobald es einen wachsenden Markt für Sonnen- und Windenergie geben wird, werden sich Firmen und Forscher anstrengen, noch bessere Solaranlagen und Windturbinen zu entwickeln, um einander Konkurrenz zu machen.
Wenn man daran denkt, in welchem Maße vor allem Computer und Handys in nur wenigen Jahren verbessert wurden, wird einem klar, was alles auf dem Gebiet der erneuerbaren Energien möglich wäre.

Wir können so viel Energie nutzen, wie wir wollen, ohne dadurch den Planeten zu zerstören. Sie steht uns zur Verfügung – wenn wir nur die richtige Wahl treffen.

3. Kapitel

Sonnenenergie

Wir können so viel Energie erzeugen, wie wir wollen – mithilfe des Sonnenlichts, unserer größten Energiequelle.

Wir wissen, dass auf unserem Planeten große Mengen an erneuerbaren Energien vorhanden sind, das meiste davon in Form von Sonnenenergie.
Zwei Monate voller Sonnenlicht enthalten mehr Energie als alle fossilen Brennstoffe der Welt.

Die Sonne ist die eigentliche Quelle fast aller Energien auf der Erde. Alle Lebewesen beziehen ihre Energie auf die eine oder andere Weise aus dem Sonnenlicht. Mithilfe des Sonnenlichts speichern Pflanzen in ihren Wurzeln Energie. Tiere kommen an Sonnenenergie, indem sie die Pflanzen fressen. Und selbst die Energie der fossilen Brennstoffe stammt von der Sonne, denn diese entstanden wiederum aus Pflanzen, die vor Millionen von Jahren gewachsen waren.

◀ Riesige Parabolspiegel bündeln die Sonnenenergie in einem der Solarkraftwerke in der kalifornischen Mojave-Wüste. Diese Anlagen können 230 000 Haushalte mit Energie versorgen.

Dieser Solarturm bei Sevilla in Spanien wandelt mithilfe von Spiegeln Sonnenstrahlen in Wasserdampf um. Dies ist nur eine Art von verschiedenen Sonnenkraftwerken.

WAS EIN SONNENWÄRMEKRAFTWERK LEISTET

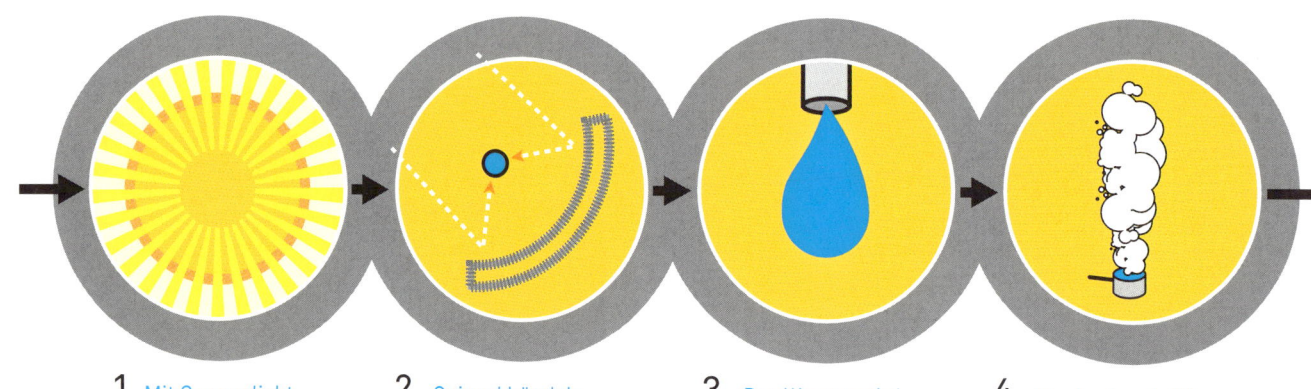

1. Mit Sonnenlicht fängt alles an.

2. Spiegel bündeln Sonnenlicht und reflektieren es auf Behälter mit Wasser.

3. Das Wasser wird erhitzt.

4. Das kochende Wasser erzeugt Dampf.

Um den Klimawandel zu stoppen, müssten wir nur die Sonnenenergie direkt nutzen, ohne den Umweg über fossile Brennstoffe zu gehen. Wir wissen bereits, dass das möglich ist. Wir müssen uns nur noch dafür entscheiden. Energie aus Sonnenlicht zu gewinnen, ist eine der besten Lösungen des Klimaproblems.

DIE KRAFT DER SONNE

Derzeit werden weltweit ungefähr 40 % der Energie aus der Verbrennung von Kohle erzeugt. Damit wird Wasser erhitzt, sodass Dampf entsteht. Die Dampfkraft dreht die Turbinen, die wiederum elektrische Generatoren antreiben.

Die Hitze, die den Dampf erzeugt, muss aber nicht unbedingt von einem Kohlefeuer kommen. Dampf und Elektrizität können auch mithilfe der Sonnenwärme produziert werden. Wissenschaftler haben bereits Verfahren entwickelt, um das Sonnenlicht so zu konzentrieren, dass es Wasser zum Kochen bringt – z. B. in einem Sonnenwärmekraftwerk (SWK).

Weltweit sind bereits einige SWKs in Betrieb. Mittels großer Spiegel bündeln sie das Sonnenlicht auf mit Wasser gefüllte Rohre. Die Wärme des Sonnenlichts bringt das Wasser zum Kochen und erzeugt Wasserdampf. Oder das Sonnenlicht erhitzt eine Spezialflüssigkeit, deren Hitze dann das Wasser zum Kochen bringt. Das Ergebnis ist aber immer das gleiche.

Diese Solarkraftwerke ähneln in vielerlei Hinsicht Kohlekraftwerken: Man kann sie an ganz gewöhnliche Starkstromleitungen anschließen, die uns den Strom nach Hause liefern. Fernseher, Kühlschrank und alle anderen Geräte lassen sich damit wie

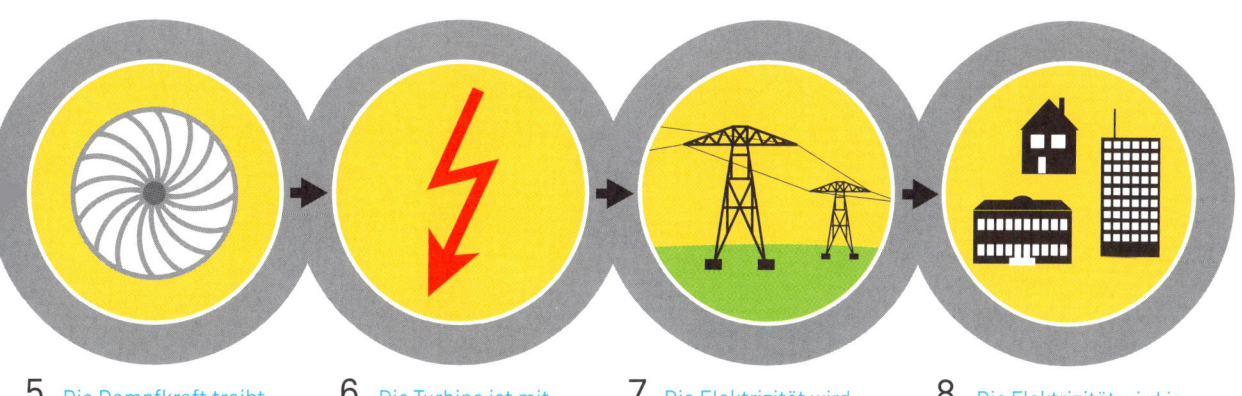

5. Die Dampfkraft treibt eine Turbine an.

6. Die Turbine ist mit einem Generator verbunden, der Elektrizität erzeugt.

7. Die Elektrizität wird über Starkstromleitungen weitergeleitet.

8. Die Elektrizität wird in Haushalten, Schulen und Betrieben genutzt.

bisher benutzen – nur dass bei der Stromversorgung kein Kohlenstoff mehr entsteht. Und diese Kraftwerke, die keinerlei CO_2 abgeben, können schon heute gebaut werden.

STROM VON DER SONNE

Photovoltaische (PV) Zellen bieten eine weitere Möglichkeit, aus Sonnenlicht elektrischen Strom zu gewinnen. (*Photo* ist Griechisch und heißt »Licht«. Ein Volt ist eine Einheit zur Messung von Elektrizität. Das Wort bedeutet also »Licht-Elektrizität.«)

Mittlerweile sieht man sie immer häufiger auf Hausdächern: schwarze Solarmodule, die aus photovoltaischen Zellen bestehen und Sonnenlicht direkt in elektrischen Strom umwandeln können.

Elektrischer Strom ist nichts anderes als die Bewegung von Elektronen in einem Draht. (Elektronen sind die Teilchen, die um den Kern eines Atoms kreisen.) Man kann sich den Draht wie ein Rohr voller Murmeln vorstellen. Dann wären die Murmeln die Elektronen. Jedes Elektron stößt gegen das vor ihm und schiebt es weiter.

Ebenso kann man sich einen Sonnenstrahl als einen Strom von Teilchen vorstellen. Diese Teilchen nennt man Photonen.

Immer wenn ein Photon auf eine photovoltaische Zelle trifft, löst sich dabei ein Elektron. Ein Strom von Photonen (Sonnenlicht) erzeugt somit einen Strom von Elektronen (Elektrizität). Auf diese Weise erzeugen PV-Zellen aus Sonnenlicht Elektrizität.

EIN EIGENES KRAFTWERK

Die Gegner photovoltaischer Zellen finden sie zu teuer. Doch dieses Argument zählt bald nicht mehr. PV-Zellen bestehen aus Silizium. Da die Nachfrage nach PV-Zellen stark angestiegen ist, stellen immer mehr Firmen sie her. Dadurch werden die Solarmodule billiger und gleichzeitig auch besser. Möglicherweise wird diese Methode der Energiegewinnung bald preisgünstiger sein als die Verwendung fossiler Brennstoffe.

Auch heute schon sind einige Menschen dazu bereit, etwas mehr auszugeben, um die reine Energie der Sonne zu nutzen. Deshalb haben viele Betriebe und Privatleute bereits auf ihren Dächern Solarmodule anbringen lassen. Dabei handelt es sich eigentlich um kleine Kraftwerke, die Strom erzeugen, wann immer die Sonne scheint. In vielen Ländern kann der Strom, den der Besitzer des Daches nicht selbst verbraucht, an die örtlichen Energieversorger verkauft werden.

SO FUNKTIONIERT PHOTOVOLTAIK

Photovoltaische Zellen wandeln Sonnenlicht in Elektrizität um. Man kann aus ihnen große Anlagen für Sonnenkraftwerke zusammenstellen oder sie in Modulen auf Gebäudedächer montieren.

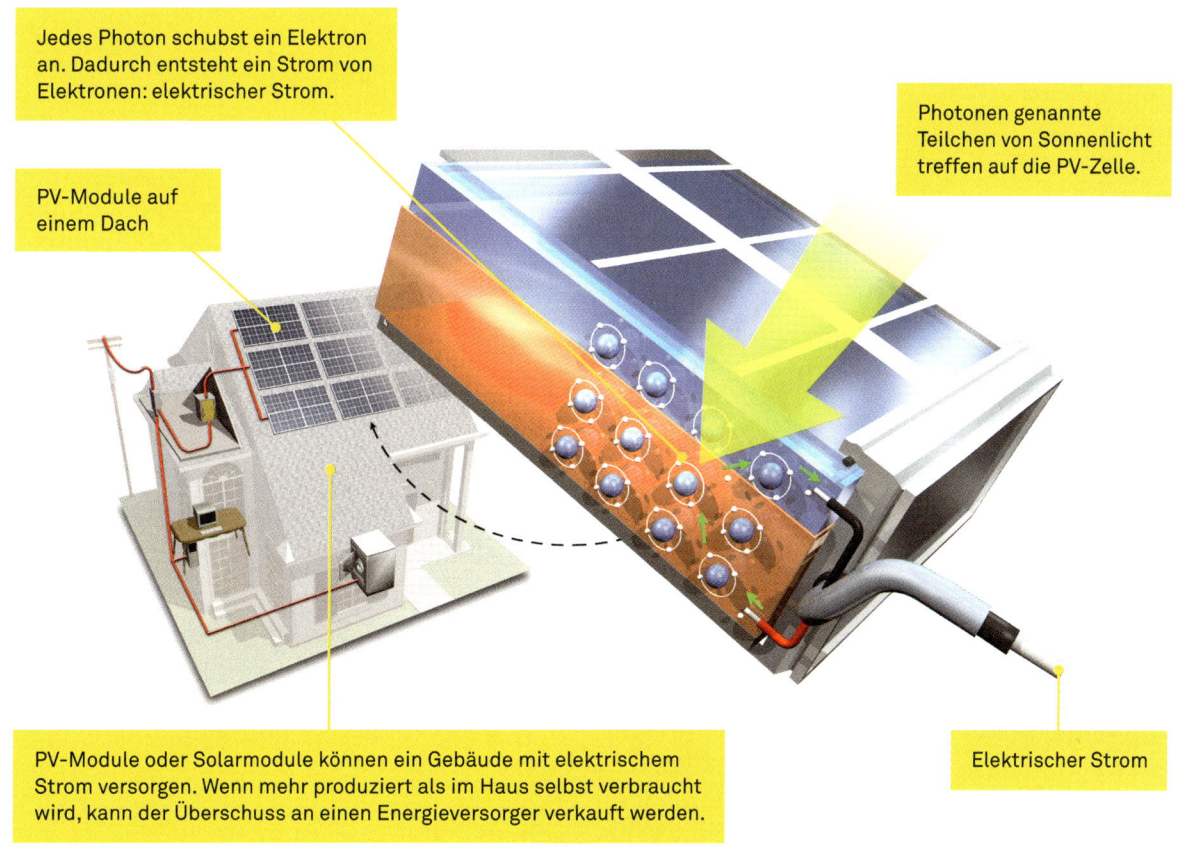

Jedes Photon schubst ein Elektron an. Dadurch entsteht ein Strom von Elektronen: elektrischer Strom.

Photonen genannte Teilchen von Sonnenlicht treffen auf die PV-Zelle.

PV-Module auf einem Dach

PV-Module oder Solarmodule können ein Gebäude mit elektrischem Strom versorgen. Wenn mehr produziert als im Haus selbst verbraucht wird, kann der Überschuss an einen Energieversorger verkauft werden.

Elektrischer Strom

Wenn man behauptet, dass die durch fossile Brennstoffe gewonnene Energie heute billiger ist, dann stimmt das nur, wenn man die Schäden nicht berücksichtigt, die sie unserem Planeten und unserer Gesundheit zufügt. Was uns ein Kohlekraftwerk wirklich kostet, steht nicht auf der Stromrechnung. Man kann es aber von den schrumpfenden Eiskappen ablesen, vom auftauenden Permafrostboden, von den Anzeichen des Klimawandels. Alles in allem wird der Preis sehr hoch sein.

EIN »SCHLAUES« NETZ

Leider funktionieren Solarkraftwerke nur, wenn die Sonne scheint. Nachts oder bei einer dicken Wolkendecke produzieren sie keinen Strom. Allerdings fällt dieses Problem gar nicht so stark ins Gewicht, wie man zunächst meinen könnte, wenn ein landesweites Energieverteilungsnetz die einzelnen Regionen bereits miteinander verbindet. Dieses Netz muss mithilfe von Computertechnologie allerdings noch verbessert, »schlauer« gemacht werden. In einem solchen »schlauen« Stromnetz kann dann die Energie von Orten, an denen die Sonne scheint, zu anderen weitergeleitet werden, an denen sie gerade nicht scheint.

Sonnenkraft lässt sich auch mit Windkraft kombinieren, zumal oft dann ein stärkerer Wind weht, wenn die Sonne gerade nicht scheint.

Außerdem kann ein Teil der von Solarkraftwerken tagsüber produzierten Energie gespeichert werden. Derzeit leider nur eine Stunde lang, in Zukunft werden aber sicher fünf bis sechs oder mehr Stunden Speicherzeit möglich sein. So kann die von einem SWK erzeugte Wärme für die Produktion von Strom genutzt werden, auch wenn die Sonne gerade nicht scheint. Und wenn alle Leute Elektroautos fahren würden, ließe sich auch in Millionen von wiederaufladbaren Autobatterien Energie speichern.

Nachts sind die Stromnetze von Detroit, Michigan (oben), und Windsor in Ontario (unten) deutlich erkennbar.

STROM AUS DEM WELTRAUM

An einem einzigen Ort scheint immer die Sonne und es gibt niemals Wolken – im Weltraum! Deshalb haben einige Wissenschaftler vorgeschlagen, ein Kraftwerk im All zu installieren. Der Kraftwerksatellit würde in 35 000 Kilometern Höhe mit riesigen Solarmodulen unseren Planeten umkreisen und die gewonnene Energie in einem Mikrowellenstrahl zur Erde senden. Könnte so ein Kraftwerk im Weltraum tatsächlich funktionieren? Wäre der Mikrowellenstrahl wirklich ungefährlich? Die meisten Forscher beantworten beide Fragen mit Ja. Allerdings bleibt die Kostenfrage. Doch selbst wenn sich diese Idee nicht rechnet, zeigt sie doch, dass es noch viele Arten von Solarkraftwerken gibt, die nur darauf warten, erfunden zu werden.

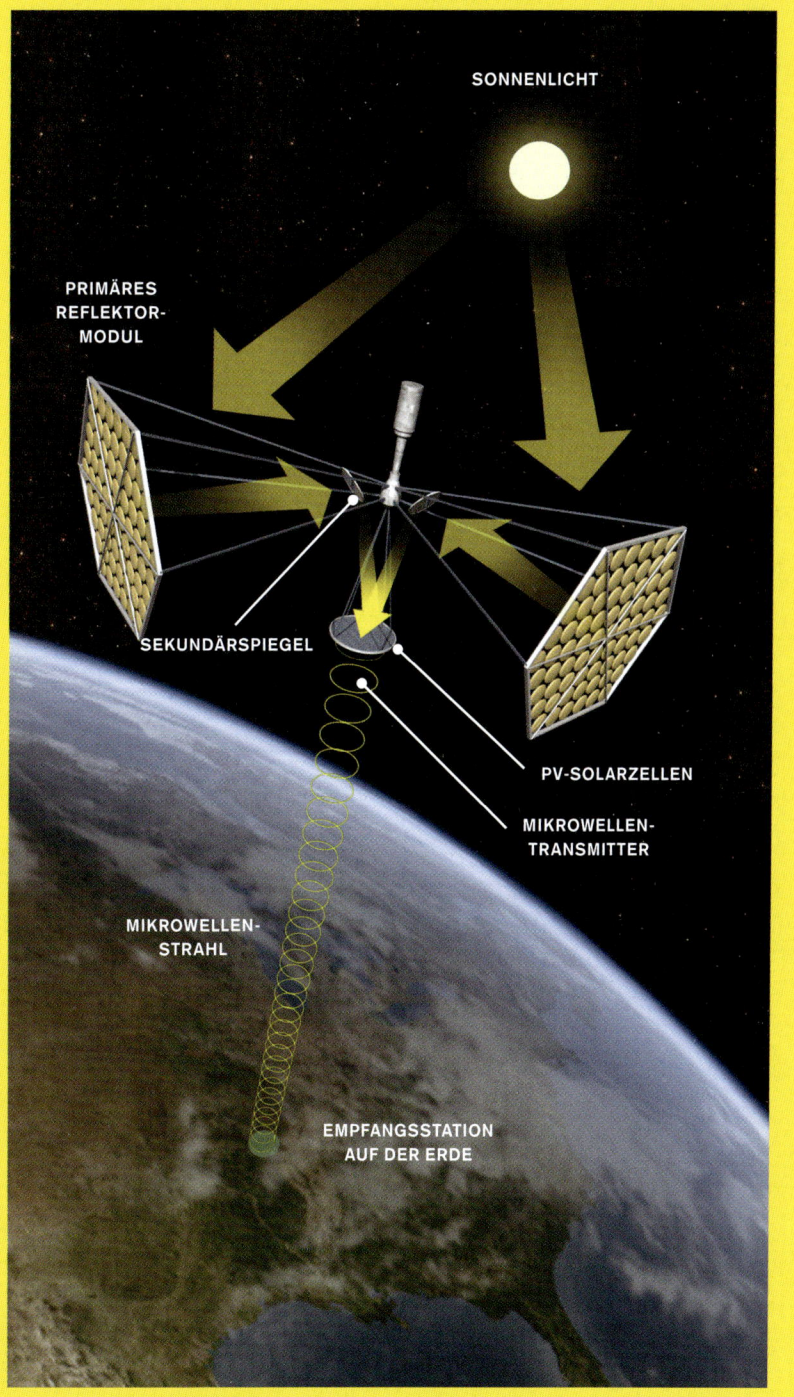

SONNENLICHT

PRIMÄRES REFLEKTOR-MODUL

SEKUNDÄRSPIEGEL

PV-SOLARZELLEN

MIKROWELLEN-TRANSMITTER

MIKROWELLEN-STRAHL

EMPFANGSSTATION AUF DER ERDE

EIN SOLAR-PASSIVHAUS

Es gibt eine weitere Möglichkeit, die wertvolle Sonnenenergie direkt zu nutzen – in einem Solar-Passivhaus.

Sonnenkollektoren auf dem Dach erwärmen das Leitungswasser durch Sonnenenergie anstatt durch fossile Brennstoffe. Aufgrund ihrer Position bekommen die Fenster sowohl im Sommer als auch im Winter ausreichend Sonne ab. Dicke,

isolierte Mauern halten im Winter die Wärme im Haus und helfen Heizkosten sparen, während das Haus im Sommer kühl bleibt. Man nennt ein Haus dieses Typs deshalb Solar-Passivhaus, weil es sich passiv verhält, also einfach nur dasteht, während sich die Sonne sozusagen um alles kümmert. Es ermöglicht seinem Besitzer, die Energiekosten zu senken und dazu beizutragen, dass weniger fossile Brennstoffe verbraucht werden.

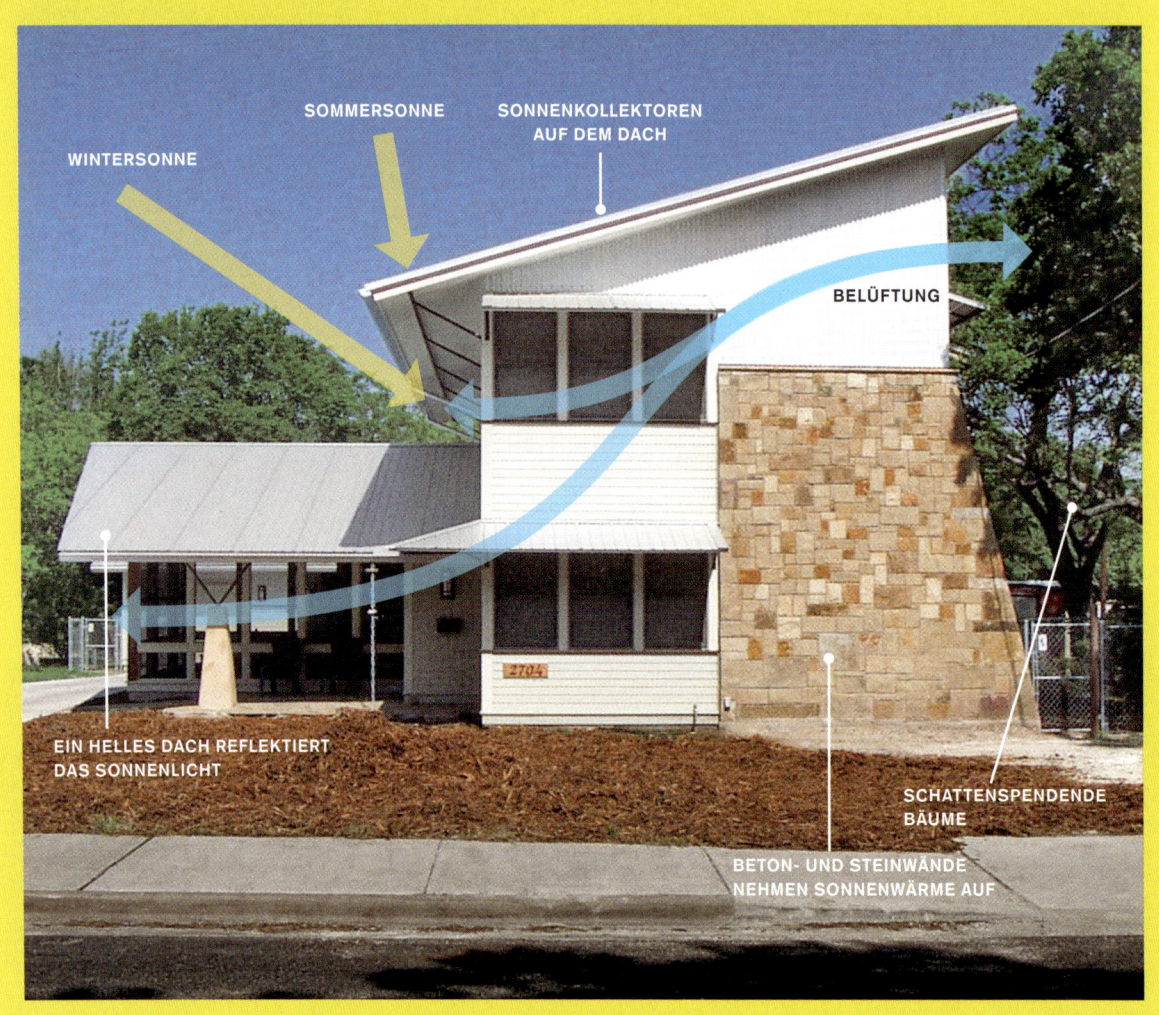

WINTERSONNE

SOMMERSONNE

SONNENKOLLEKTOREN AUF DEM DACH

BELÜFTUNG

EIN HELLES DACH REFLEKTIERT DAS SONNENLICHT

BETON- UND STEINWÄNDE NEHMEN SONNENWÄRME AUF

SCHATTENSPENDENDE BÄUME

JA ZU SONNENENERGIE

Sonnenenergie zu nutzen ist keine neue Idee. Die erste photovoltaische Zelle wurde 1954 in den Bell-Laboratorien in New Jersey entwickelt. Ende der 1980er-Jahre entstanden in der Mojave-Wüste in Südkalifornien neun Sonnenkraftwerke, die nun schon seit über 25 Jahren Strom erzeugen.

Die Regierung der USA hat diese Art der Energiegewinnung aber nie ernsthaft unterstützt, und das aus zwei Gründen: Erstens ist das öffentliche Interesse an Solarkraftwerken zwar groß, wenn die Preise für Öl und Gas steigen – doch sobald sie wieder fallen, vergessen viele Menschen, wie wichtig erneuerbare Energien sind. Zweitens investieren die Unternehmen, die Öl und Kohle verkaufen oder Kohlekraftwerke betreiben, Hunderte von Millionen Dollar, um die öffentliche Meinung zu beeinflussen. Sie haben alles getan, um die Regierung davon abzuhalten, Geld für die Entwicklung von Solarkraftwerken auszugeben.

In anderen Ländern wie Deutschland und Spanien dagegen förderten die Regierungen die Nutzung der Sonnenenergie konsequent. Und China und Taiwan wetteifern miteinander um die Spitzenposition in photovoltaischer Technologie, während nur einer der weltweit größten PV-Hersteller seinen Sitz in den Vereinigten Staaten von Amerika hat.

Andere Regierungen haben begriffen, dass Sonnenenergie Millionen von Arbeitsplätzen schaffen könnte. In den USA jedoch hat man das noch nicht erkannt.

Aber diese Einstellung scheint sich jetzt zu ändern. Im Laufe der letzten zehn Jahre entstanden in Arizona und Nevada neue, verbesserte Solarkraftwerke und viele weitere sind in Planung. In manchen Bundesstaaten werden Energieversorger sogar per Gesetz dazu gezwungen, einen Teil ihrer Elektrizität aus erneuerbaren Quellen zu beziehen.

Doch dies ist erst der Anfang, und wir müssen noch viel schneller handeln. Zweifellos wird uns die Sonne in Zukunft einen Großteil unserer Elektrizität liefern. Aber wird das rechtzeitig genug geschehen, um den Klimawandel zu stoppen? Nur wenn wir uns bald entscheiden.

4. Kapitel

Windenergie

Eine weitere Möglichkeit, viel saubere Energie zu produzieren, ist die Nutzung der Windkraft.

Ständig erleben wir, wie viel Kraft der Wind hat. Immer wenn ein Segelboot über das Wasser dahinflitzt, wenn ein Drachen in die Lüfte steigt, wenn sich die Flügel einer Windmühle drehen, können wir dem Wind bei der Arbeit zusehen. Auch die Kraft des Windes kann uns helfen, den Klimawandel zu stoppen, wenn wir sie in Elektrizität umwandeln. Die weltweit vorhandene Windkraft ist fünfmal größer als unser gesamter Energiebedarf.

Der Markt für Windkraft ist nicht nur unter den erneuerbaren Energien der am schnellsten wachsende, sondern unter allen Energiearten.

Wir verfügen bereits über die Technologie, Windkraft in Elektrizität umzuwandeln. Wir wissen, wie man Windturbinen baut und wo man sie am besten hinstellt. Wir beziehen bereits Strom aus Windparks. Um den Klimawandel zu stoppen, müssen wir einfach nur noch mehr von ihnen bauen.

◀ Ein Windpark in Sherman County, Oregon

WINDENERGIE = SONNENENERGIE

Wir haben bereits festgestellt, dass fast die gesamte Energie auf der Erde von der Sonne kommt. Windkraft ist eigentlich nur eine andere Form von Sonnenkraft, und man kann beide kombinieren, um den Klimawandel zu stoppen.

Winde entstehen, weil manche Teile der Atmosphäre mehr Sonnenlicht (Wärme) abbekommen als andere: In den Tropen erwärmt sich die Luft stärker als an den Polen. Wüsten heizen sich schneller auf als Meere und kühlen auch schneller wieder ab. Dadurch entstehen unterschiedliche Lufttemperaturen. Warme Luft dehnt sich aus und steigt auf. Kühlere Luft fließt nach und füllt das Vakuum aus. Das ergibt den Wind.

WINDKARTEN

Ebenso wie Wasser in Bächen oder Flüssen über unser Land fließt, zieht der Wind über Berge, Täler und andere Landschaften dahin. Er folgt dabei einem Muster, das ebenso vorhersehbar ist wie die Meeresströmungen oder alljährlich wiederkehrende Überschwemmungen.

Eine Windkarte kann uns Regionen zeigen, an denen meist Windstille herrscht oder in denen leichte Brisen oder starke bis heftige Winde wehen.

Alle Winde, die es auf der Welt gibt, wurden bereits kartiert. Auf diesen Windkarten können wir die besten Plätze für Windkraftanlagen herausfinden. Das sind Orte, an denen der Wind 24 km/h und mehr erreicht. Auf dieser Windkarte der USA (rechts) lässt sich erkennen, wo die Windkraft am stärksten ist.

Von allen erneuerbaren Energien lässt sich Windkraft – mit Ausnahme der Erdwärme – am billigsten nutzen. Windenergie kostet so wenig, dass sie den fossilen Brennstoffen beinahe schon Konkurrenz machen kann. Und neue Erfindungen werden diesen Energieträger in Zukunft noch preisgünstiger machen.

1. Sonne erwärmt Luft.

WINDKARTE DER USA

Ebenso wie der Grad an Sonneneinstrahlung ist auch die Windkraft überall auf der Welt verschieden. Auf dieser Karte sind geeignete Plätze für Windräder eingetragen. Dunkelgrüne und dunkelblaue Flächen markieren die besten Standorte für Windparks.

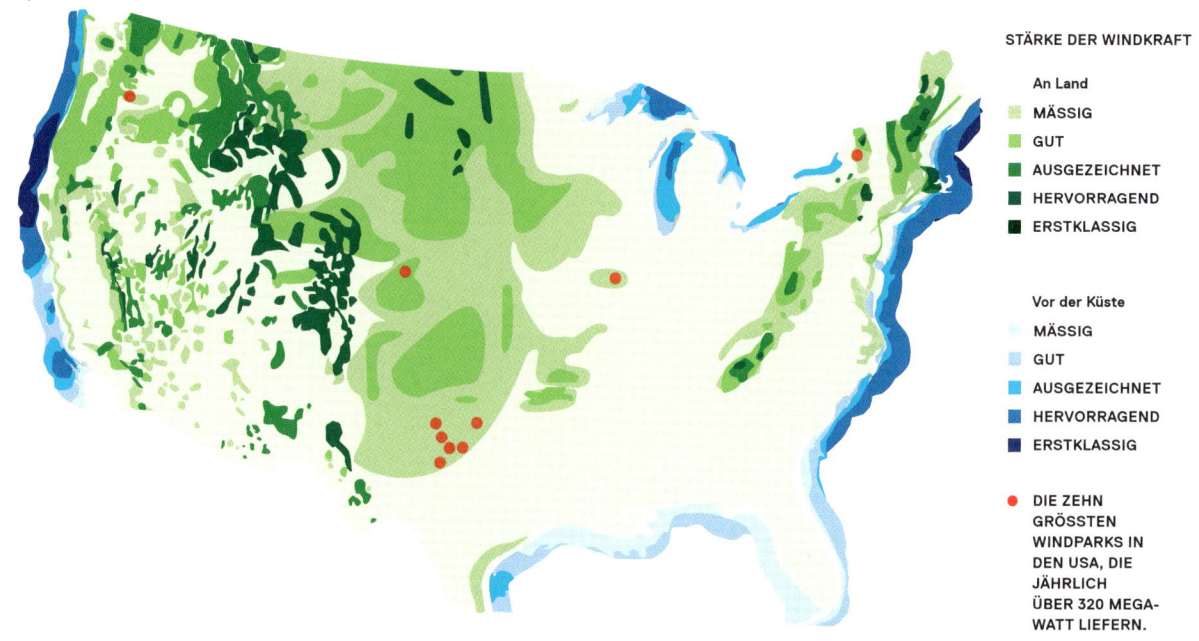

STÄRKE DER WINDKRAFT

An Land

■ MÄSSIG
■ GUT
■ AUSGEZEICHNET
■ HERVORRAGEND
■ ERSTKLASSIG

Vor der Küste

■ MÄSSIG
■ GUT
■ AUSGEZEICHNET
■ HERVORRAGEND
■ ERSTKLASSIG

● DIE ZEHN GRÖSSTEN WINDPARKS IN DEN USA, DIE JÄHRLICH ÜBER 320 MEGAWATT LIEFERN.

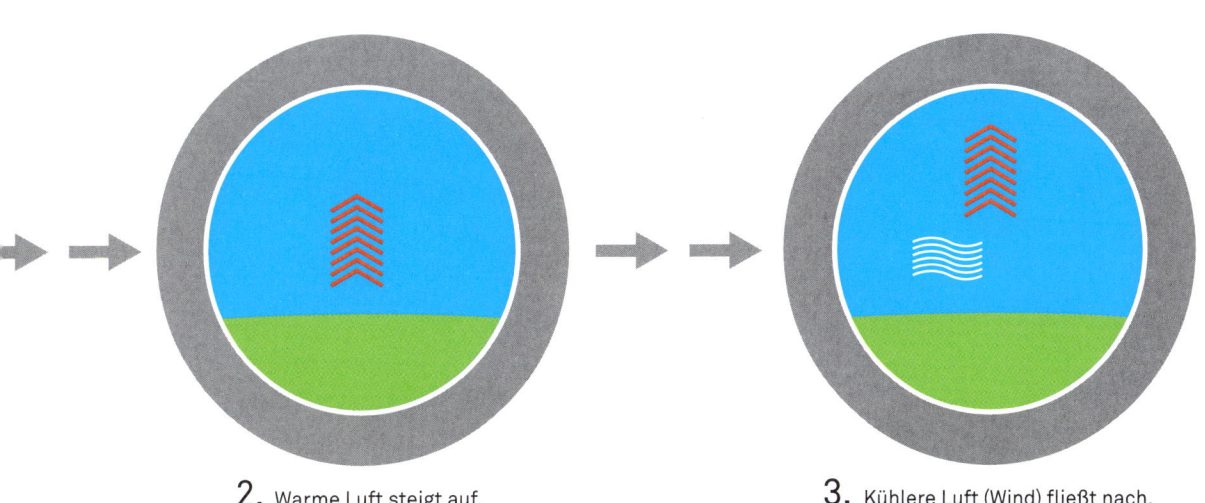

2. Warme Luft steigt auf.

3. Kühlere Luft (Wind) fließt nach.

MODERNE WIND-MÜHLEN

Moderne Windräder, mit deren Hilfe heute die Windkraft genutzt wird, sehen nicht mehr wie die Windmühlen vergangener Jahrhunderte aus, sondern eher wie riesige Propeller auf hohen Türmen. Die Rotorblätter einer Windturbine sind wie die Tragflächen eines Flugzeugs geformt. Wenn der Wind über sie hinwegfegt, erzeugt diese Form Auftrieb, sodass die Turbine sich dreht.

Die meisten Windräder haben drei Rotorblätter, die 27 bis 45 m lang sein können. Die Türme sind 45 bis 105 m hoch. (Zum Vergleich: Die amerikani-sche Freiheitsstatue misst einschließlich Sockel 93 m.)

Wenn Wind weht, erzeugt eine durchschnittliche Windturbine 1,5 Megawatt Strom. Das würde genügen, um z. B. 400 amerikanische Haushalte mit Elektrizität zu versorgen. Häufig stehen die Windräder in großen Gruppen zusammen, in sogenannten Windparks oder Windfarmen. 400 Turbinen können dieselbe Menge Strom wie ein mittelgroßes Kohlekraftwerk erzeugen.

Früher machten Windturbinen sehr viel Lärm. Die heutigen Windräder sind wesentlich leiser, sodass Windparks auch in der Nähe von Städten und Dörfern angelegt werden können.

Ein Techniker inspiziert im Windpark Wethersfield im US-Bundesstaat New York die Rotorblätter.

SO WIRD AUS WIND STROM

Windräder werden dort aufgestellt, wo der Wind gleichmäßig und stark ist. Eine Gruppe von Windturbinen bezeichnet man als Windfarm oder Windpark. Man kann sie an Land oder im Meer aufstellen.

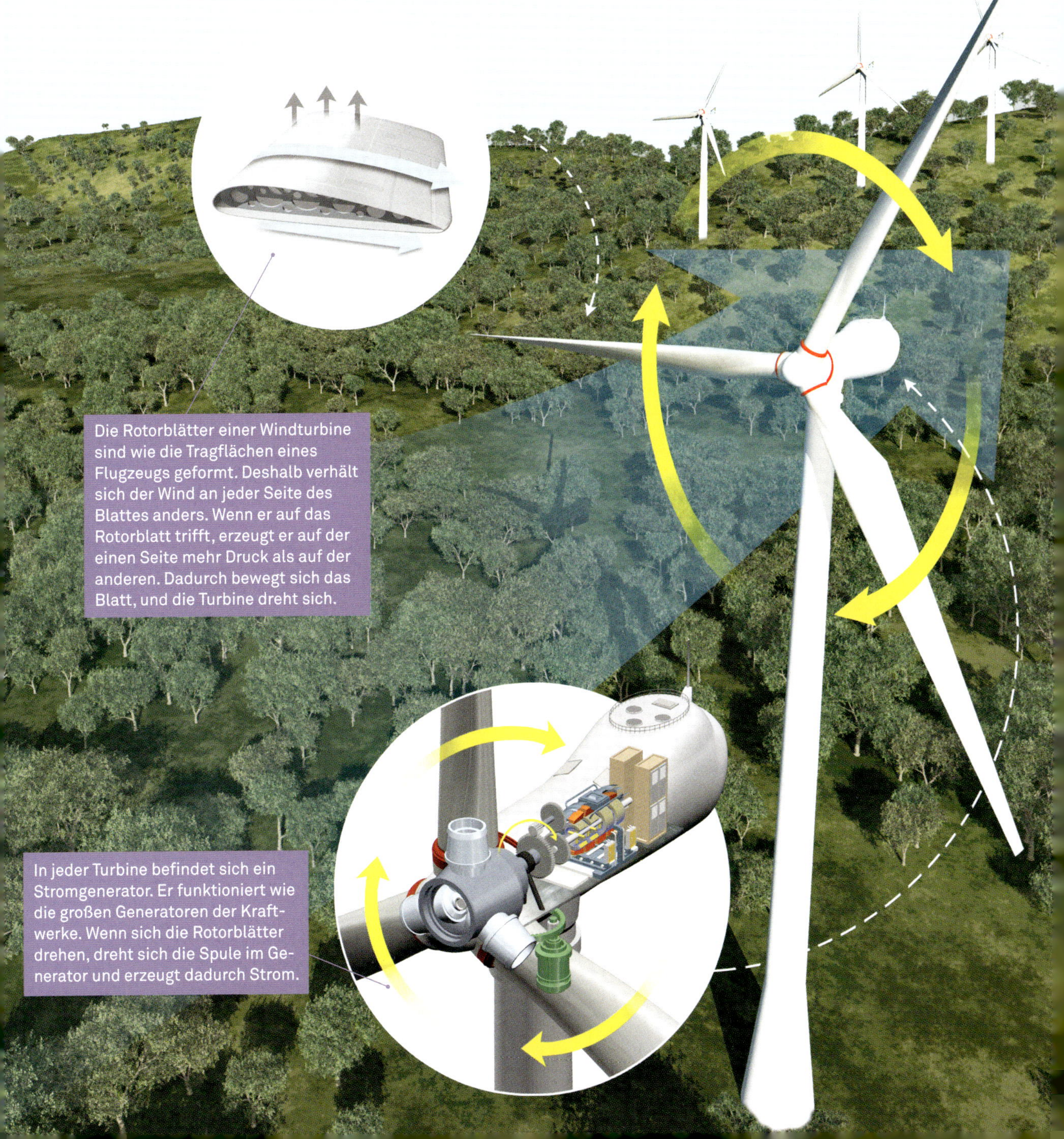

Die Rotorblätter einer Windturbine sind wie die Tragflächen eines Flugzeugs geformt. Deshalb verhält sich der Wind an jeder Seite des Blattes anders. Wenn er auf das Rotorblatt trifft, erzeugt er auf der einen Seite mehr Druck als auf der anderen. Dadurch bewegt sich das Blatt, und die Turbine dreht sich.

In jeder Turbine befindet sich ein Stromgenerator. Er funktioniert wie die großen Generatoren der Kraftwerke. Wenn sich die Rotorblätter drehen, dreht sich die Spule im Generator und erzeugt dadurch Strom.

DIE USA: VORREITER FÜR WINDKRAFT

Die USA produzieren mehr elektrischen Strom aus Windkraft als jedes andere Land der Welt – aber das ist noch lange nicht genug. Denn in der allgemeinen Energieversorgung spielt die Gewinnung von Strom aus Windkraft nur eine sehr kleine Rolle: 2007 kam weniger als 1 % des in den USA verbrauchten Stroms von Windkraftanlagen. Doch weil das Land so groß ist, ist 1 % immer noch eine ganze Menge Elektrizität.

Andere Länder haben jedoch bereits viel mehr erreicht. Dänemark gewinnt über 21 % seines Stroms durch Windfarmen, das deutsche Bundesland Schleswig-Holstein 38,2 % und die Region Navarra in Nordspanien deckt sogar 70 % ihres Stromverbrauchs mit Windkraft.

Weltweit gibt es viele Gebiete, in denen der Wind stark genug weht, um seine Kraft nutzen zu können. Deshalb müssen noch viel mehr Windparks entstehen. Windturbinen können zudem verhältnismäßig schnell produziert werden. Es dauert nur zwei Monate, eine Windturbine aufzustellen, während man für den Bau eines Kohlekraftwerks mehrere Jahre benötigt.

Andere Typen von Kraftwerken, darunter auch Solarkraftwerke, brauchen sehr viel Wasser, um Dampf zu erzeugen. Für die Nutzung von Windkraft ist dagegen gar kein Wasser erforderlich. In einer Welt, in der Wasser knapp wird, ist dies ein sehr wichtiger Punkt. Außerdem beanspruchen Windräder viel weniger Platz als andere Kraftwerke, obwohl sie wesentlich höher sind.

MEERESWINDE

Die meisten Windräder stehen heute auf dem Land. Man geht jedoch immer mehr dazu über, sie im Meer aufzustellen, *offshore* (»vor der Küste«), denn über dem Meer wehen die Winde meist gleichmäßiger.

Jahrzehntelang entwickelten Ingenieure Verfahren, um in tiefen Gewässern Ölplattformen aufzustellen. Diese Technologie kann nun für die Installation von Windturbinen im offenen Meer genutzt werden.

Der derzeit größte *Offshore*-Windpark steht heute vor der Küste bei Skegness in England. Er besteht aus 54 riesigen Windturbinen, die je 53 m lange Rotorblätter haben. Zusammen können diese Windräder über 130 000 Haushalte mit Strom versorgen.

Die meisten Windkraftanlagen Großbritanniens
stehen vor der Küste, darunter auch diese
5 Megawatt erzeugende Turbine bei Inverness in
Schottland.

DER JUNGE, DER DEN WIND EINFING

Man braucht keine Fabrik, um eine Windturbine zu bauen. Der 14-jährige William Kamkwamba aus Wimbe in Malawi baute sich ein Windrad aus dem alten Fahrrad seines Vaters, einem verrosteten Stoßdämpfer und dem Ventilator eines Traktorkühlers. Als Rotorblätter verwendete er aufgeschnittene Plastikrohre, die Kugellager holte er sich vom Schrottplatz. Mit einem Bohrer, den er sich aus einem Nagel und einem Maiskolben gebastelt hatte, sowie mit Schraubenziehern aus Fahrradspeichen montierte er alles zusammen. Die fertige Windturbine befestigte er oben an einer Leiter. Der Wind wehte, die Rotorblätter drehten sich und eine mit der Turbine verbundene Glühbirne begann zu leuchten.

William ging damals nicht zur Schule, weil seine Eltern das Schulgeld nicht mehr bezahlen konnten. Er lernte für sich allein und kam durch ein Physikbuch auf die Idee, eine Windturbine zu bauen, um sein Dorf mit elektrischem Strom zu versorgen. Die Abbildungen dazu fand er in einem Buch aus der Bücherei.

Bald nachdem er die Glühbirne zum Leuchten gebracht hatte, machte William sich daran, ein größeres und leistungsfähigeres Windrad zu bauen. Er schloss in allen Räumen seines Elternhauses Glühbirnen an und montierte auf dem Dach Solarmodule, um noch mehr elektrischen Strom zu produzieren.

William ist es zu verdanken, dass heute jedes Haus in Wimbe ein Solarmodul sowie eine

William Kamkwamba auf seinem selbstgebauten Windrad

Batterie besitzt, um Energie zu speichern. Ein neues Windrad pumpt Wasser in den Gemüsegarten seiner Familie. Und William kann wieder zur Schule gehen: in die African Leadership Academy bei Johannesburg in Südafrika. Er hat sich fest vorgenommen, später eine Firma zu gründen, die in ganz Afrika Windräder baut.

Mehr Informationen über William in seinem Blog williamkamkwamba.typepad.com und in seinem Buch *The Boy Who Harnessed the Wind* (»Der Junge, der den Wind einfing. Eine afrikanische Heldengeschichte«).

WINDRAD IM GARTEN

Ebenso wie man auf seinem Dach Solarmodule anbringen lassen kann, könnte man sich auch dort, wo der Wind stark genug bläst, ein kleines Windrad im Garten aufstellen. Natürlich geht das nur auf dem Land, wo dafür genug Platz vorhanden ist.

Bis jetzt ist die Produktion von Strom mit kleinen Windturbinen zwar teurer als die mit Solarmodulen. Doch auch dies kann sich in Zukunft ändern. In den USA werden bereits heute alljährlich von Privatleuten ungefähr 10 000 kleine Windräder aufgestellt, und jedes Jahr werden es mehr.

ARGUMENTE GEGEN WINDENERGIE

Manche Leute machen sich Sorgen, dass die Rotorblätter der Windturbinen Vögel verletzen könnten. Natürlich möchte niemand, dass wild lebende Tiere zu Schaden kommen, aber ein Blick auf die Fakten zeigt: Jedes Jahr kommen wesentlich mehr Vögel durch den Zusammenstoß mit Wolkenkratzern, durch Katzen, Autos und Schädlingsbekämpfungsmittel ums Leben als durch Windturbinen. Und dazu kommt, dass viele Vogelarten überleben werden, wenn es uns gelingt, den Klimawandel zu stoppen. Abgesehen davon überlegen sich Ingenieure bereits Lösungen für das Vogelproblem. Eine besteht in einem Sensor, der die Turbinen stoppt, wenn sich ein Vogelschwarm nähert.

Viele Gegner der Windturbinen sind der Meinung, dass sie die Landschaft verunstalten. Aber sie können dem Betrachter auch doppelt schön erscheinen, wenn man daran denkt, dass sie uns helfen, Arten und Lebensräume zu retten.

WIND SICHERT ARBEITSPLÄTZE

Die Herstellung, die Montage und der Betrieb Tausender neuer Windräder würden sehr viele neue Arbeitsplätze schaffen – und zwar nicht irgendwo im Ausland, wo die Löhne niedriger sind. Denn die Türme, Rotorblätter und Turbinen sind so groß und schwer, dass es billiger kommt, sie in dem Land zu bauen, in dem sie auch genutzt werden. In den USA fanden in der rasch wachsenden Windkraftindustrie bereits Zehntausende von Menschen Arbeit.

Die Schaffung neuer Arbeitsplätze ist natürlich nur ein Grund, um Windturbinen zu bauen. Der wichtigste Grund ist und bleibt, den Klimawandel aufzuhalten.

Windturbinen liefern billige, saubere und unbegrenzt erneuerbare Energie. Solange die Sonne scheint, wird auch der Wind wehen. Somit steht uns mehr als genug Windkraft zur Verfügung, um unseren Energiebedarf und den zukünftiger Generationen zu decken. Wenn wir nur wollen, können wir die Kraft des Windes nutzen, um eine neue, kohlenstofffreie Energieindustrie auszubauen und unseren Planeten zu retten.

5. Kapitel

Die Energie der Erde

Geothermische Energie, die Energie der Erdwärme, würde allein schon genügen, um unseren gesamten Energiebedarf zu decken.

Sonnenenergie kommt von der Sonne. Der Wind zieht seine Kraft aus der Wärme des Sonnenlichts. Aber es gibt noch eine weitere erneuerbare Energie und sie befindet sich direkt unter unseren Füßen. Man nennt sie *geothermische Energie*. Sie ist die Kraft der Erde!

Geothermische Energie entsteht durch die Wärme tief unter der Erdoberfläche (*geo* = Erde, *thermisch* = Wärme). Wie heiß es im Inneren der Erde ist, sehen wir, wenn Vulkane ausbrechen. Heiße Quellen, wie z. B. die Geysire in Island, machen deutlich, wie stark sich Wasser durch Erdwärme aufheizen kann.

◀ Das Thermalfreibad »Blaue Lagune« auf Island wird von dem benachbarten Erdwärmekraftwerk mit heißem Wasser versorgt.

Forschungen zeigen, dass Erdwärme eine großartige Energiequelle darstellt. In den USA könnte Erdwärme das 2000-fache der derzeit alljährlich verbrauchten Energie liefern. Außerdem bietet diese Energiequelle große Vorteile gegenüber allen anderen. Sie ist nicht nur kohlenstofffrei, sondern steht auch überall auf der Welt zur Verfügung – den armen Ländern ebenso wie den reichen. Und es spielt überhaupt keine Rolle, ob die Sonne scheint oder der Wind weht. Erdwärme gibt es jeden Tag, 24 Stunden lang.

Ebenso wie Sonnen- oder Windenergie könnte Erdwärme ohne Weiteres die Energiequellen Erdöl und Kohle ersetzen – wenn wir uns endlich dazu entscheiden, sie zu nutzen.

WÄRME AUS DER TIEFE

Weltweit sind bereits einige geothermische Kraftwerke in Betrieb. Meistens befinden sie sich dort, wo durch Erdwärme erhitztes Wasser aus großer Tiefe emporsprudelt. Dieses sehr heiße Wasser kann Turbinen antreiben, die Elektrizität erzeugen. Würde man aber die Erdwärme allein auf diese Weise nutzen, hätten wir es mit keiner allzu bedeutenden Ressource zu tun.

Denn es gibt nur eine beschränkte Anzahl von Orten, wie z. B. heiße Quellen, an

EINE REISE ZUM MITTELPUNKT DER ERDE

Ursprung der Erdwärme ist der Erdkern, den wir uns als eine riesige Kugel aus massivem Eisen vorstellen. Seine Temperatur wird auf 4300 bis 7000 °C geschätzt. Diesen inneren Kern umgibt ein äußerer Erdkern aus geschmolzenem Metall, dessen Temperatur zwischen 3700 und 4300 °C liegen könnte. Die äußerste Schicht des Erdmantels ist eine Schicht aus Magma (geschmolzenes Gestein), die 100 bis 200 km dick und stellenweise 1000 °C heiß ist.

Die oberste Schicht unseres Planeten ist die Erdkruste. Unter einem Gebirge kann sie bis zu 100 km dick sein, unter dem Meer oft nur 3 km. Der gesamte Durchmesser der Erde beträgt 12 711 km.

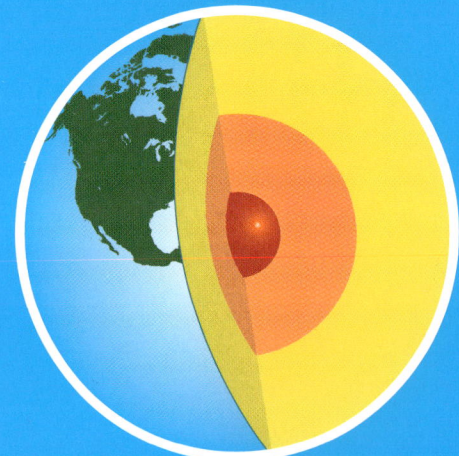

○ ERDKRUSTE
15 – 1000 °C

● ERDMANTEL
1000 – 3700 °C

● ÄUSSERER ERDKERN
3700 – 4300 °C

● INNERER ERDKERN
4300 – 7000 °C

denen die Erdwärme von ganz allein an die Oberfläche dringt. Aber wir brauchen eigentlich nicht darauf zu warten, dass sie zu uns kommt – wir können sie uns auch einfach holen. Denn Erdwärme gibt es fast überall, und sie wartet nur darauf, angezapft zu werden.

Ursprung der Erdwärme ist das geschmolzene Gestein im Erdinneren, das *Magma.* Durch Risse in der Erdkruste quillt Magma an die Oberfläche. Bohrt man 3 km tief – diese Tiefe entspricht der zweifachen Tiefe des Grand Canyon in den USA –, findet

man Stellen, an denen sich das Gestein auf über 200 °C erhitzt hat. Das würde genügen, um ein geothermisches Kraftwerk anzutreiben. Führenden Experten zufolge ließe sich mit Erdwärme der weltweite jährliche Energiebedarf nicht nur einmal, sondern tausendmal decken.

HOTSPOTS – DIE HEISSEN QUELLEN

Die meisten Erdwärme-Kraftwerke sind hydrothermisch (*hydro* = Wasser). Das heißt, sie nutzen die Wärme des heißen

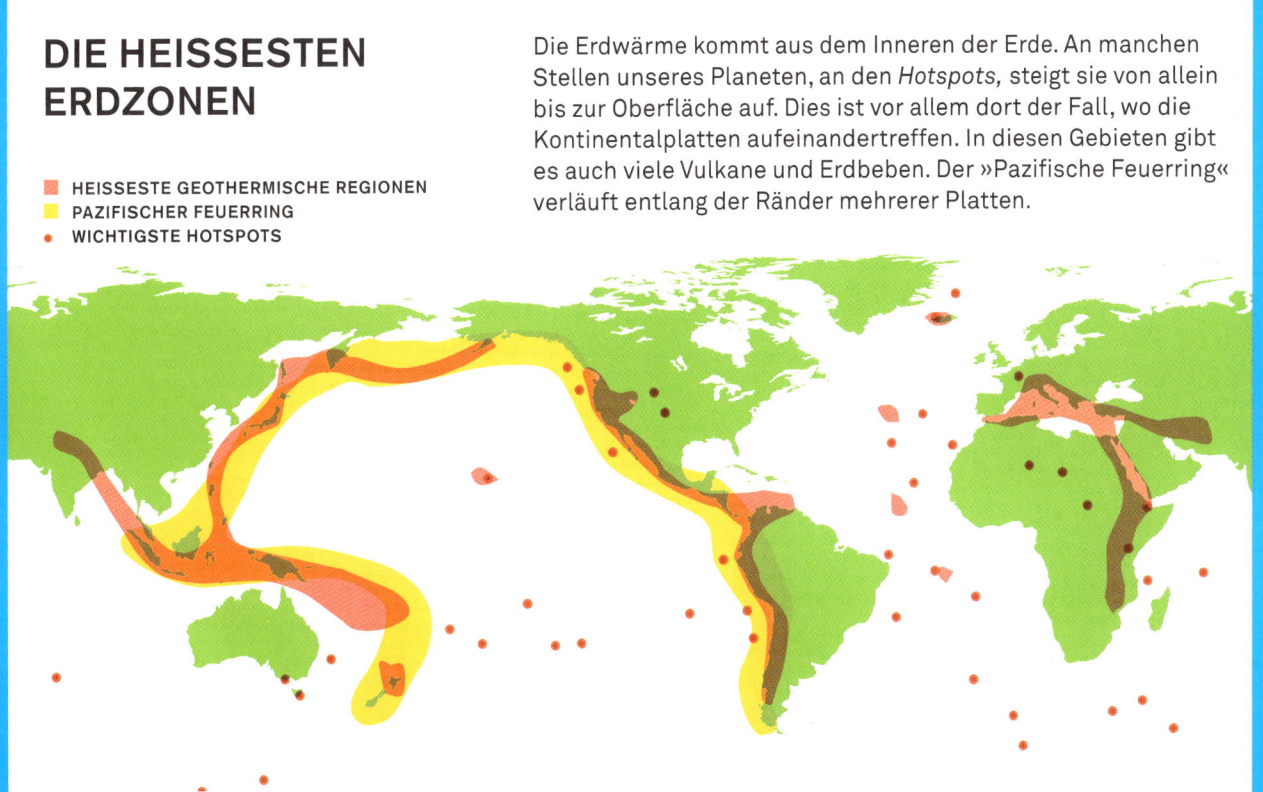

DIE HEISSESTEN ERDZONEN

- HEISSESTE GEOTHERMISCHE REGIONEN
- PAZIFISCHER FEUERRING
- WICHTIGSTE HOTSPOTS

Die Erdwärme kommt aus dem Inneren der Erde. An manchen Stellen unseres Planeten, an den *Hotspots,* steigt sie von allein bis zur Oberfläche auf. Dies ist vor allem dort der Fall, wo die Kontinentalplatten aufeinandertreffen. In diesen Gebieten gibt es auch viele Vulkane und Erdbeben. Der »Pazifische Feuerring« verläuft entlang der Ränder mehrerer Platten.

Wassers, das sich in der Nähe der Erdoberfläche befindet. Diese sogenannten *Hotspots* (»heiße Punkte«) liegen dort, wo sich Risse in der Erdkruste gebildet haben.

Die Erdkruste setzt sich aus riesigen Platten zusammen, den Kontinentalplatten. Diese schwimmen auf der Magma, dem geschmolzenen Gestein des Erdmantels, und bewegen sich dabei sehr, sehr langsam. Wo diese Platten an ihren Rändern aufeinandertreffen, kann Magma an die Oberfläche steigen. Dies geschieht etwa bei Vulkanausbrüchen, denn an den Plattenrändern gibt es viele Vulkane und es kommt hier auch oft zu Erdbeben. Wenn in von Magma erhitztem Gestein Wasser ist, dringt es als heiße Quelle oder Geysir an die Oberfläche.

Das erste hydrothermische Kraftwerk entstand 1904 in der Nähe von Larderello in Italien. Die größte hydrothermische Kraftanlage der Welt befindet sich nördlich von San Francisco bei einer heißen Quelle, die *The Geysers* (»Die Geysire«) genannt wird. In dieser Gegend entstanden 22 kleine Kraftwerke, die zusammen 60 % des Strombedarfs von Kaliforniens Nordküste decken.

Hydrothermische Kraftwerke können auf unterschiedliche Weise arbeiten. Manche nutzen direkt den aus dem Boden aufsteigenden Dampf. Andere wandeln heißes Wasser aus dem Boden in Dampf um. Oder es wird mithilfe des unterirdischen heißen Wassers eine andere Flüssigkeit zum Kochen gebracht. Bei allen drei Typen werden die Turbinen von Dampf betrieben.

Diese Art der Energienutzung ist allerdings nur dort möglich, wo es unterirdische Vorkommen von heißem Wasser gibt. Außerdem muss das Gestein *permeabel* sein, d. h. Wasser muss hindurchfließen können.

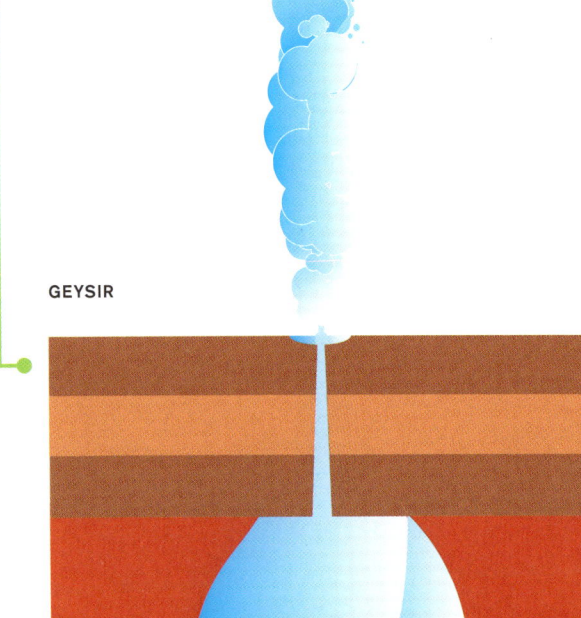

GEYSIR

VON HEISSEM GESTEIN
ERHITZTES WASSER

Die 22 geothermischen Kraftwerke von *The Geysers* in Nordkalifornien bilden zusammen die größte Erdwärmeanlage der Welt.

Das Tolle an Erdwärme ist aber gerade, dass wir sie nicht nur an natürlichen *Hotspots* nutzen können. Mithilfe von Bohrmethoden, die ursprünglich von der Ölindustrie entwickelt wurden, können wir uns eigene *Hotspots* schaffen und die Erdwärme nahezu uneingeschränkt nutzen.

NEUE GEOTHERMISCHE TECHNOLOGIEN

EGS (*enhanced geothermal systems,* auf Deutsch: »verbesserte Erdwärmesysteme«) ist eine neue Technologie, die es ermöglicht, Erdwärme auch dort zu nutzen, wo es keine unterirdischen Vorkommen von heißem Wasser gibt. Stattdessen sucht man nach 150 bis 200 °C heißem Gestein, bohrt an dieser Stelle bis in 3 km Tiefe oder sogar noch tiefer und pumpt unter starkem Druck Wasser in die Bohrlöcher. Dadurch werden bereits bestehende

Risse im Gestein erweitert und neue Wege für das Wasser eröffnet. Nun kann erneut Wasser hinuntergepumpt werden, das von dem heißen Gestein erhitzt wird. Dann wird dieses heiße Wasser aus dem Brunnen zurück an die Oberfläche gepumpt und in Dampf umgewandelt, um damit die Strom erzeugenden Turbinen anzutreiben.

Das Problem an dieser Technologie sind die dafür notwendigen tiefen Bohrungen, die leichte Erdbeben auslösen können. Um das zu vermeiden, darf man nur sehr vorsichtig bohren.

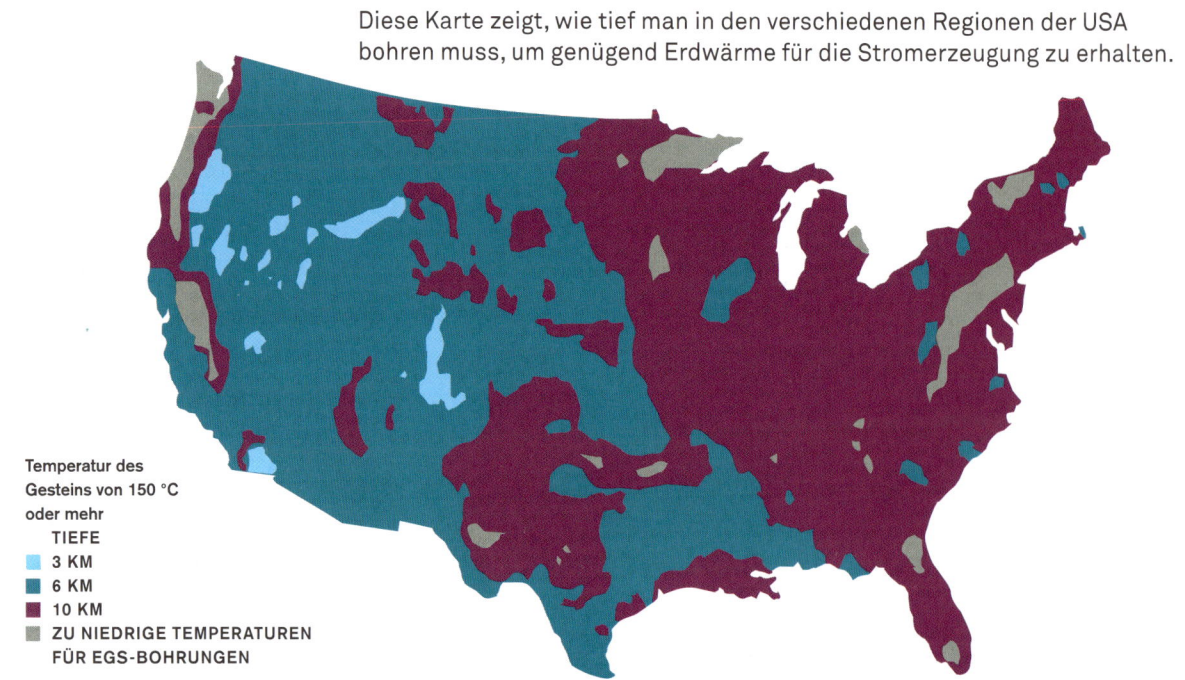

GEOTHERMISCHE ENERGIEQUELLEN IN DEN USA

Diese Karte zeigt, wie tief man in den verschiedenen Regionen der USA bohren muss, um genügend Erdwärme für die Stromerzeugung zu erhalten.

Temperatur des Gesteins von 150 °C oder mehr

TIEFE
- 3 KM
- 6 KM
- 10 KM
- ZU NIEDRIGE TEMPERATUREN FÜR EGS-BOHRUNGEN

SO FUNKTIONIEREN ERDWÄRME-KRAFTANLAGEN

Bei der neuesten Art von Erdwärmesystemen (EGS) werden 3 bis 6 km tiefe Brunnen gebohrt, um auf Gestein zu stoßen, das mindestens 150 °C heiß ist. Dieses Gestein wird gespalten, sodass Wasser hindurchfließen kann. Daraufhin wird das Wasser zuerst durch das Gestein und dann wieder nach oben gepumpt. Der Dampf dieses erhitzten Wassers treibt Turbinen für die Stromerzeugung an.

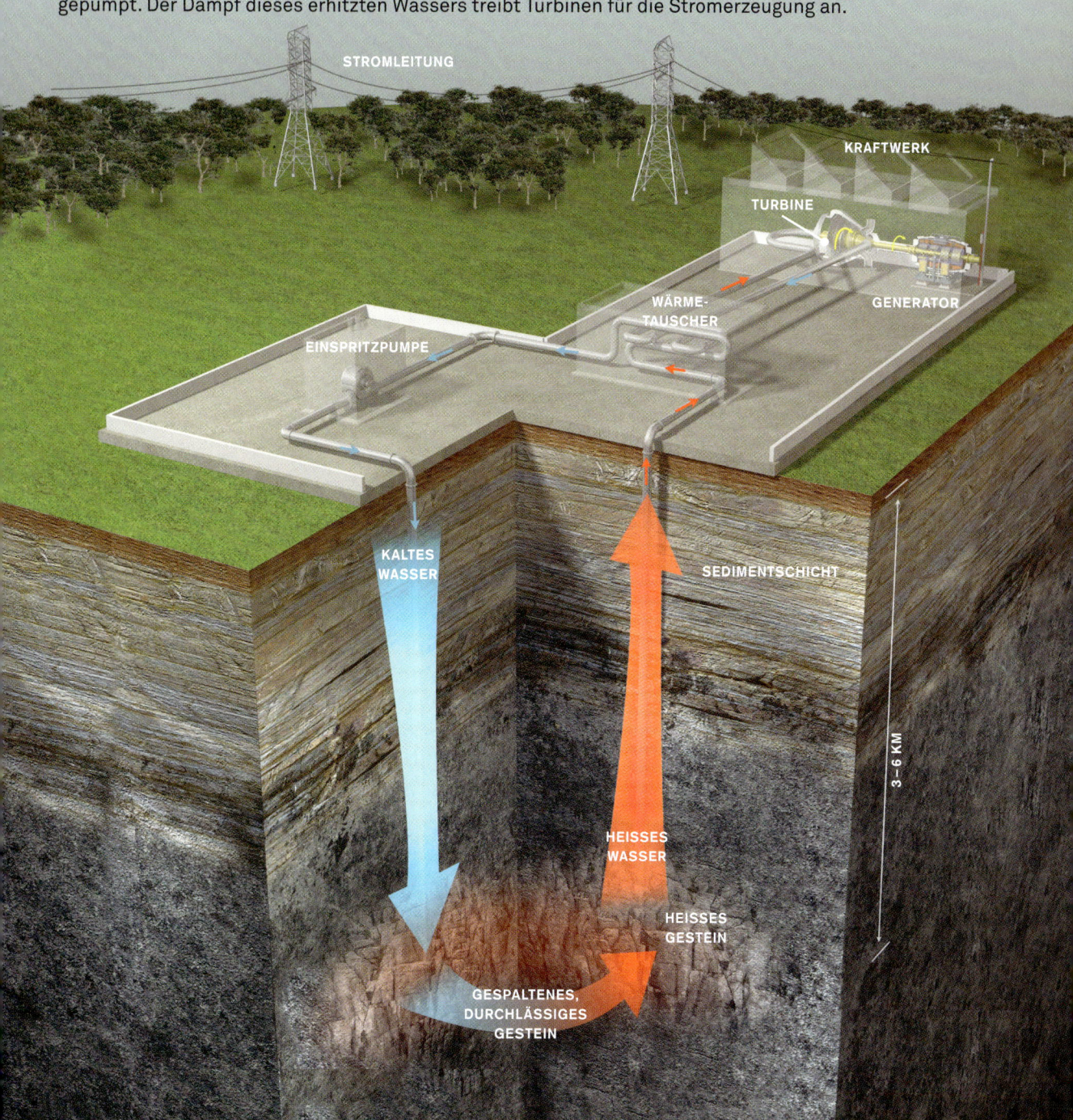

STROMLEITUNG

KRAFTWERK

TURBINE

GENERATOR

WÄRME-TAUSCHER

EINSPRITZPUMPE

KALTES WASSER

SEDIMENTSCHICHT

3 – 6 KM

HEISSES WASSER

HEISSES GESTEIN

GESPALTENES, DURCHLÄSSIGES GESTEIN

ERDWÄRME FÜR ZUHAUSE

Es gibt auch noch eine weitere Möglichkeit, geothermale Energie zu nutzen: mit einer Erdwärmepumpe für das eigene Haus. Eine solche Pumpe ist klein genug, um gerade mal einen Haushalt zu versorgen. Der Brunnen dafür muss auch nicht mehrere Kilometer tief sein: ca. 100 m genügen. 2007 beschlossen meine Frau und ich, unser Haus mit einer Erdwärmepumpe auszustatten. Eine darauf spezialisierte Firma bohrte in unsere Auffahrt einige um die 100 m tiefe Löcher. In dieser Tiefe beträgt die Bodentemperatur das ganze Jahr über 15 °C.

Warum der Boden dort immer die gleiche Temperatur hat? Die oberen Schichten isolieren ihn, sodass er in unserem Teil von Tennessee, wo wir wohnen, stets gleich warm bleibt.

Unsere Erdwärmepumpe ist ein sehr einfaches Modell. Über die in den Brunnen verlegten Rohre wird eine Kühlflüssigkeit unter die Erde gepumpt. Dort erwärmt sie sich auf 15 °C. Diese Wärmeenergie wird nach oben gepumpt und zur Beheizung des Hauses genutzt.

Natürlich möchte man es zu Hause vor allem im Winter etwas wärmer als 15 °C haben. Deswegen müssen wir unserem System etwas zusätzliche Wärme zukommen lassen. Doch um die Luft von 15 auf 20 °C aufzuheizen, benötigt man wesentlich weniger Energie, als um kalte Winterluft zu erwärmen. Deshalb brauchen wir in viel geringerem Maße als vorher Energie aus anderen Quellen.

Im Sommer ist es dann umgekehrt. Die von der Wärme des Hauses erhitzte Flüssigkeit wird nach unten gepumpt und kühlt dort auf 15 °C ab. In den Räumen bleibt es somit angenehm kühl. Und durch den gesenkten Strombedarf werden nicht nur die Kosten des Stromversorgers reduziert, sondern auch unsere eigene Stromrechnung.

KÜHLT IM SOMMER HEIZT IM WINTER

Die Technologie zur Nutzung der Erdwärme hat in den letzten Jahren große Fortschritte gemacht. Wissenschaftlern zufolge steht sie uns bereits jetzt als bedeutende Energiequelle zur Verfügung. Die meisten derzeit bestehenden EGS-Brunnen sind 3 bis 6 km tief. Die Wärme dieser tiefen Erdschichten kann zur Produktion von elektrischem Strom genutzt werden. Man kann sie aber auch direkt für die Beheizung von Gebäuden verwenden. In Boise, Idaho, werden das State Capitol und zahlreiche andere Gebäude schon seit Längerem mit unterirdischen Heißwasservorkommen beheizt. In Klamath Falls, Oregon, heizen Privathaushalte seit über hundert Jahren mit heißem Wasser aus der Erde. Und in Island werden fast alle Häuser auf diese Weise beheizt.

In manchen Gegenden aber wären auch 6 km tiefe Bohrungen noch nicht tief genug. Wenn es gelingt, die Bohrtechnik zu verbessern, wären in Zukunft knapp 10 km tiefe EGS-Brunnen möglich. Dann könnten auch neue Regionen diese Energiequelle erschließen.

In den USA halten viele Leute Erdwärme für keine besonders wichtige Ressource – doch sie irren sich gewaltig.

Wir sollten uns Erdwärme schnellstens als Energiequelle erschließen.

Wir müssen uns klarmachen, dass Erdwärme bereits jetzt genutzt werden kann. Während die USA diese Entwicklung verschliefen, waren andere Länder auf diesem Gebiet sehr aktiv. Die Philippinen, El Salvador und Costa Rica, Island und Kenia decken neuerdings über 15 % ihres Strombedarfs durch Erdwärme.

Neuseeland, Indonesien, Nicaragua und die Karibikinsel Guadeloupe produzieren mittlerweile 5 bis 10 % ihrer Elektrizität mittels Erdwärmeanlagen. Die Europäische Union unterstützt in Soultz-sous-Forêts in Frankreich ein EGS-Projekt. Und in Deutschland, der Schweiz, Großbritannien, der Tschechischen Republik und anderen Ländern werden derzeit ähnliche Projekte entwickelt.

Diese Projekte zeigen, dass es eine dritte Quelle an erneuerbarer, sauberer Energie gibt, um die Klimakrise zu bekämpfen. Ebenso wie Sonnenenergie und Windkraft kann sie unseren gesamten Energiebedarf befriedigen. Wir müssen sie nur endlich nutzen. Die Erdwärme liegt uns buchstäblich zu Füßen.

6. Kapitel

Können wir Energie anbauen?

Wir können Energie durch die Verbrennung von Pflanzen gewinnen – und dadurch den Schadstoffausstoß verringern, der
die Luftverschmutzung und den Klimawandel auslöst.

Seit Menschengedenken wird Energie aus
Pflanzen gewonnen. Auch heute noch
verbrennen Millionen von Menschen Holz,
um zu heizen und zu kochen. Sie verbrennen auch Torf, der nichts anderes als Erde
mit vielen Pflanzenbestandteilen ist.
Selbst beim Verbrennen von Kuhmist
entsteht Energie, denn der Mist enthält
Überreste von Pflanzen. All diese Energiequellen fasst man unter dem Begriff
»Biomasse« zusammen.

Wenn jedoch Holz verbrannt wird, entstehen Kohlendioxid, Ruß und andere luft-
verschmutzende Stoffe. Inzwischen aber
verfügen wir über moderne Methoden, um
Pflanzen in Energie umzuwandeln, ohne
dass die Luft dabei stark verschmutzt
wird.

◀ Zuckerrohrernte in Sertãozinho, Brasilien. Brasilien
produziert in großen Mengen Ethanol aus Zuckerrohr.
Der Treibstoff, mit dem brasilianische Autos fahren,
besteht zur Hälfte aus Ethanol.

Durch neuartige Verfahren kann Biomasse bei hohen Temperaturen verbrannt werden. Dadurch entsteht Dampf, um Turbinen anzutreiben oder Häuser zu beheizen. Aus Nutzpflanzen aber auch aus Unkraut wird Ethanol hergestellt, ein Brennstoff für Automotoren. Und das von Müllkippen aufsteigende Methangas kann gesammelt und verbrannt werden, um elektrischen Strom zu produzieren.

Biomasse ist eine erneuerbare Energiequelle, denn die Pflanzen erhalten ihre Energie von der Sonne. Und solange die Sonne scheint, können wir immer wieder neue Pflanzen anbauen.

Wenn wir Biomasse richtig nutzen, kann sie fossile Brennstoffe ersetzen und dabei helfen, den Klimawandel zu stoppen.

ETHANOL: BRENNSTOFF AUS PFLANZEN

Beim Verbrennen von Biomasse entsteht Kohlendioxid – das sich auch bei der Verbrennung von fossilen Brennstoffen bildet. Doch es gibt einen wichtigen Unterschied: Wenn wir fossile Brennstoffe nutzen, wird Kohlendioxid freigesetzt, das seit Hunderten von Millionen Jahren im Boden lagerte. Setzen wir es frei, stören wir das Gleichgewicht des Kohlenstoffkreislaufs, indem wir ihm »neuen« Kohlenstoff zuführen.

Biomasse dagegen ist bereits Teil des Kohlenstoffkreislaufs. Der Kohlenstoff in der Biomasse stammt nämlich aus der Luft, nicht aus dem Boden. Durch das Verbrennen von Pflanzen geben wir zwar den Kohlenstoff an die Luft zurück, doch die im folgenden Jahr angebauten Pflanzen werden ihn wieder aus der Luft aufnehmen. Solange es also immer wieder neue Pflanzen gibt, die den Kohlenstoff verwerten, bleibt der Kohlenstoffkreislauf im Gleichgewicht.

Der bekannteste Biotreibstoff ist Ethanol. Man stellt es aus Pflanzenmaterial her, dem man Hefe beigibt. Hefe ist ein Pilz, der sich von dem Zucker (den Kohlehydraten) in Pflanzen ernährt und ihn dabei in Alkohol umwandelt. Ethanol kann Benzin beigemischt werden, um es zu verdünnen. Die meisten Automotoren vertragen einen Anteil von bis zu 10 % Ethanol im Benzin.

Die Autos mit Ethanol fahren zu lassen, ist keine ganz neue Idee. Bereits der 1908 gebaute Ford T fuhr mit einer Mischung aus Benzin und Ethanol. Doch erst vor Kurzem wurde diese Idee wieder aufgegriffen. Viele Menschen halten Ethanol für einen umweltfreundlicheren Treibstoff als Benzin.

DER KOHLENSTOFFKREISLAUF

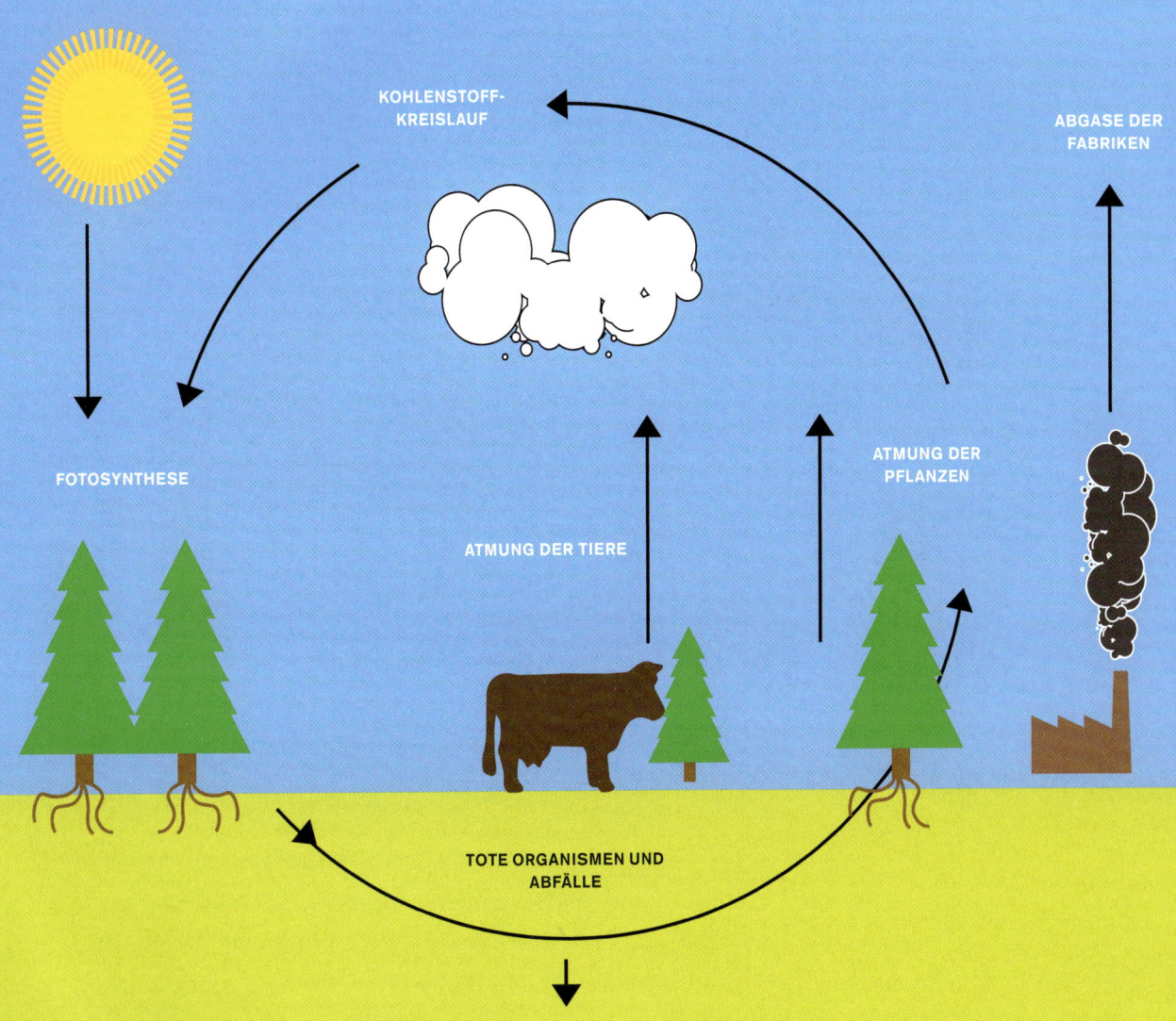

KOHLENSTOFF-
KREISLAUF

ABGASE DER
FABRIKEN

FOTOSYNTHESE

ATMUNG DER
PFLANZEN

ATMUNG DER TIERE

TOTE ORGANISMEN UND
ABFÄLLE

1. Bei der Fotosynthese speichern Pflanzen Energie aus Sonnenlicht in Form von Kohlehydraten. Diese erzeugen sie aus dem Kohlendioxid der Luft, Nährstoffen im Boden und Wasser. Pflanzen atmen Sauerstoff aus.

2. Tiere fressen Pflanzen und gewinnen aus den Kohlehydraten Energie. Tiere atmen Sauerstoff ein und Kohlendioxid aus und geben es wieder an die Luft zurück.

3. Wenn Pflanzen und Tiere sterben, verrotten sie anschließend. Ein Teil des in ihnen enthaltenen Kohlenstoffs geht in den Boden über, ein Teil steigt in die Luft auf.

4. Beim Verbrennen von fossilen Brennstoffen entweicht Kohlendioxid.

SO ENTSTEHT ETHANOL

Ethanol wird aus pflanzlichen Kohlehydraten (Zucker) hergestellt. Es gibt zwei Verfahren, um Zucker aus Pflanzen zu gewinnen: Beim ersten werden Nutzpflanzen wie Mais oder Zuckerrohr verwendet. Man häckselt sie klein und »kocht« sie mit Enzymen, die die Kohlehydrate in Zucker aufspalten. Beim zweiten Verfahren wird Rutenhirse verwendet. Um an ihren Zucker zu kommen, müssen die holzigen Zellwände aus Zellulose aufgeschlossen werden. Der dadurch gewonnene Zucker wird mithilfe von Hefe in Ethanol verwandelt.

MAIS (ODER ZUCKERROHR) ...

... WIRD ZU MEHL.

WÄRME UND ENZYME WANDELN KOHLEHYDRATE IN ZUCKER UM.

HEFE VERWANDELT ZUCKER IN ETHANOL.

DAMPF UNTERSTÜTZT DIE AUFSPALTUNG DER ZELLULOSE.

RUTENHIRSE (ODER ANDERE BIOMASSE)

ENZYME SPALTEN ZELLULOSE IN ZUCKER AUF.

ETHANOL WIRD VON DEN RESTEN DER BIOMASSE GETRENNT.

MAIS ODER ZUCKERROHR?

Derzeit wird Ethanol in den USA überwiegend aus Mais hergestellt. Bauern, große landwirtschaftliche Betriebe, aber auch Politiker zeigen sich mit dieser Art der Maisnutzung einverstanden.

Es hat sich aber inzwischen herausgestellt, dass Mais nicht gerade der beste Grundstoff für Ethanol ist. Denn bei der Erzeugung von Mais-Ethanol wird sehr viel Energie aus fossilen Brennstoffen verbraucht – ebenso wie bei den herkömmlichen Anbaumethoden von Mais, bei denen Traktoren und anderen Maschinen gebraucht werden. Auch die Produktion von Düngemitteln verbraucht viel Energie aus fossilen Brennstoffen.

In der Nähe des Kraftwerks Cottam in Nottinghamshire in England wird Mais für die Ethanolherstellung angebaut.

Mit einer Ladung voll Zuckerrohr warten Lastwagen vor einer Ethanolfabrik bei São Paulo in Brasilien.

Das bedeutet: noch mehr Ausstoß von Kohlendioxid und eine noch stärkere Luftverschmutzung. Alles in allem erzeugt die Produktion von Ethanol aus Mais die gleiche Menge an Treibhausgasen wie das Verbrennen von Benzin.

In Brasilien wird Ethanol aus Zuckerrohr gewonnen – mit weitaus besseren Ergebnissen. Zum einen werden beim Anbau von Zuckerrohr weniger fossile Brennstoffe verbraucht. Zum anderen enthält Zuckerrohr wesentlich mehr Energie als Mais. Aus einem Hektar Mais kann man 3740 l Ethanol gewinnen, aus einem Hektar Zuckerrohr aber 6080 l. Und bei der Herstellung von Ethanol aus Zuckerrohr wird nur ein Drittel der Treibhausgase freigesetzt, die bei der Produktion aus Mais entweichen.

Bei der Herstellung von Mais-Ethanol gibt es noch ein weiteres Problem. Wenn Energiegesellschaften und Lebensmittelhersteller Mais kaufen, steigt der Preis. Weil

TREIBSTOFF AUS PFLANZEN

Manche Pflanzen eignen sich für die Produktion von Biotreibstoff
besser als andere. Diese Tabelle zeigt, wie viele Liter Treibstoff pro
Hektar Anbaufläche gewonnen werden können.

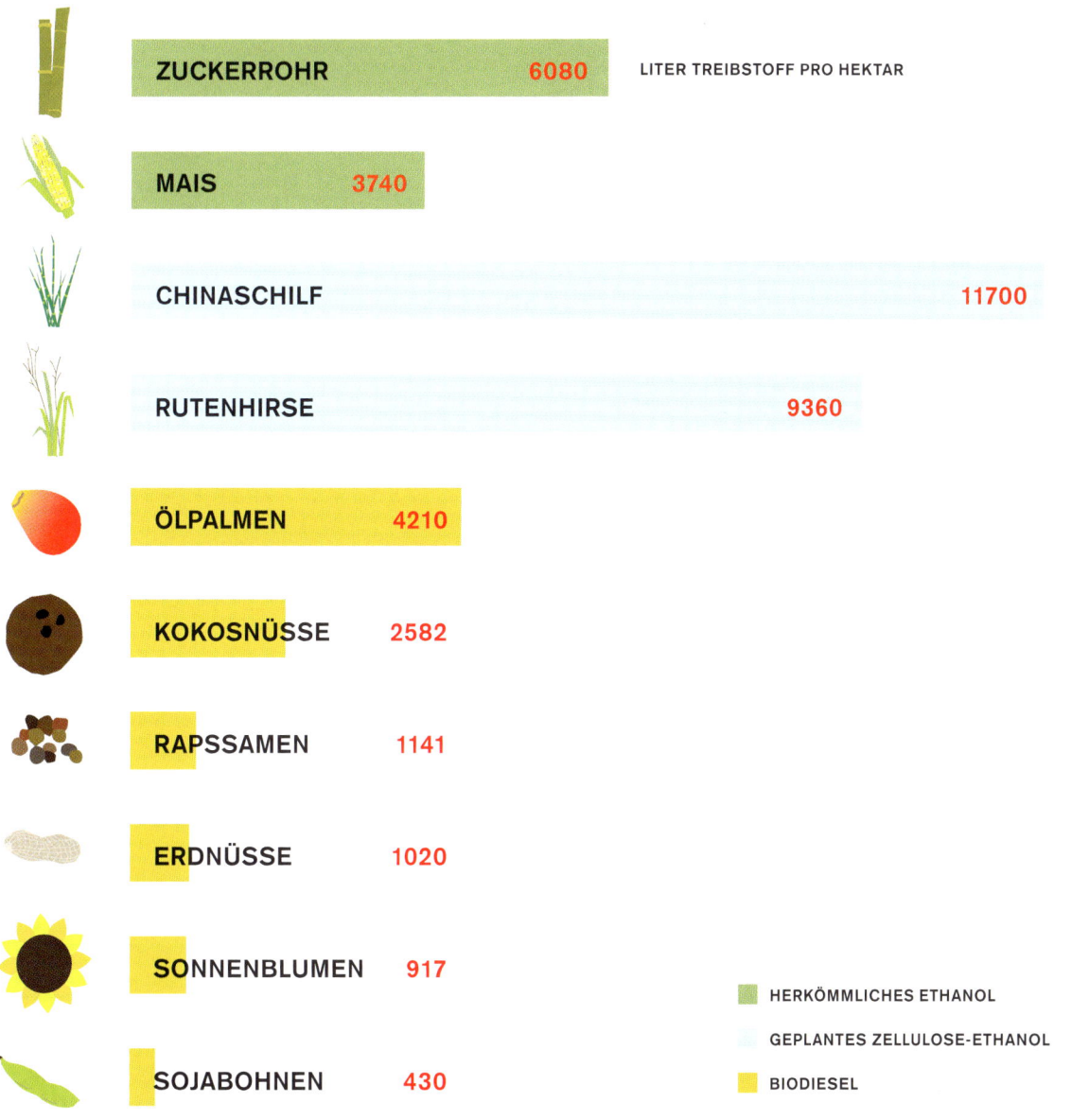

ZUCKERROHR	6080	LITER TREIBSTOFF PRO HEKTAR
MAIS	3740	
CHINASCHILF	11700	
RUTENHIRSE	9360	
ÖLPALMEN	4210	
KOKOSNÜSSE	2582	
RAPSSAMEN	1141	
ERDNÜSSE	1020	
SONNENBLUMEN	917	
SOJABOHNEN	430	

HERKÖMMLICHES ETHANOL

GEPLANTES ZELLULOSE-ETHANOL

BIODIESEL

Mais bei der Erzeugung vieler Lebensmittel eine große Rolle spielt, werden diese dann ebenfalls teurer. Sollte also die Produktion von Ethanol aus Mais erhöht werden, würde dies weltweit zu einer Lebensmittelknappheit beitragen. Und selbst wenn man den gesamten in den USA angebauten Mais für die Ethanol-Produktion nutzen würde, könnte man damit trotzdem nur 13 % unseres Treibstoffbedarfs decken.

Dazu kommt, dass bei der Ethanol-Produktion aus Mais sehr viel Wasser verbraucht wird: vier Liter Wasser für einen Liter Ethanol. Wir müssen Wege der Energiegewinnung finden, ohne dabei so viel Wasser zu verschwenden.

TREIBSTOFF AUS GRAS

Energieunternehmen arbeiten an neuen, wirtschaftlicheren und umweltfreundlicheren Verfahren zur Herstellung von Ethanol. Bei einem davon werden nicht nur die Kohlehydrate einer Pflanze genutzt, sondern auch deren *Zellulose* – die holzigen Fasern, die der Pflanze Festigkeit verleihen.

Zellulose-Ethanol lässt sich aus allen Pflanzen gewinnen, auch aus Gräsern. Sehr gut dafür geeignet ist Rutenhirse. Sie wächst auf Böden, auf denen andere Nutzpflanzen nicht gedeihen – und das sogar ohne Einsatz von Kunstdünger. Weil Gräser nach dem Mähen wieder nachwachsen, braucht man Rutenhirse auch nicht wie Mais jedes Jahr neu auszusäen. Und ein weiterer Pluspunkt: Rutenhirse nimmt Kohlenstoff aus der Luft auf und lagert ihn im Boden ab.

Auch schnell wachsende Bäume und Holzabfälle eignen sich für die Produktion von Zellulose-Ethanol. Allerdings steckt dieser Biotreibstoff noch in der Testphase. Derzeit werden zwei verschiedene Nutzungsverfahren erprobt, und es wird noch eine Weile dauern, bis wir wissen, ob sich Zellulose-Ethanol als Ersatz für Benzin eignet.

Chinaschilf ist eine vielversprechende Pflanze für Biotreibstoff. Es lässt sich leicht und billig anbauen und wächst sehr schnell.

DIE KRAFT DER PFLANZEN

Viele Forscher sind der Meinung, es wäre besser, die Biomasse direkt zu verbrennen, anstatt sie zuvor in einen flüssigen Treibstoff umzuwandeln.

Denn bei jedem einzelnen Schritt dieser Umwandlung geht Energie verloren. Bis der Treibstoff endlich im Tank ist, sind 90 % der in den Pflanzen enthaltenen Energie dahin. Wandelt man Biomasse aber direkt in Wärme um, kann man ungefähr 60 % der Pflanzenenergie nutzen.

In Europa werden bereits zwei Drittel der erneuerbaren Energien aus der direkten Verbrennung von Biomasse gewonnen. Holz, Holzabfälle und andere Pflanzenreste werden in modernen Kesseln verbrannt, die zugleich die giftigen Stoffe aus dem Rauch filtern. Biomassekraftwerke verschwenden außerdem weniger Energie als Kohlekraftwerke.

In den USA verwenden zahlreiche Unternehmen der Holzindustrie Biomassegeneratoren. Mit ihren in großen Mengen anfallenden Holzabfällen beheizen sie ihre Gebäude oder erzeugen Strom. Auch bei einigen Kohlekraftwerken können bis zu 20 % der zu verbrennenden Kohle durch Holz und andere Biomasse ersetzt werden.

Ein Vorteil der Biomassegeneratoren besteht darin, dass sie 24 Stunden am Tag

ENERGIE AUS POMMES

Ethanol ist nicht der einzige Biotreibstoff für Fahrzeuge. Autos und Lastwagen mit Dieselmotoren können auch mit Pflanzenöl fahren – sogar mit benutztem Bratfett, auch wenn die Abgase dann nach Frittenbude riechen. Andere Autos können eine Mischung aus Pflanzenölen und Diesel tanken, den sogenannten Biodiesel. Biodiesel verschmutzt die Luft weniger als normaler Diesel. Da man für seine Herstellung aber Grundnahrungsmittel wie Mais und Sojabohnen verwendet, stellt er keine sinnvolle Lösung unserer Umweltprobleme dar.

Ein Angestellter einer Tankstelle in Bangkok, Thailand, füllt einen Behälter mit gebrauchtem Pflanzenöl, aus dem Biodiesel hergestellt werden soll.

arbeiten und auch dann Energie liefern, wenn Sonnenenergie oder Windkraft nicht zur Verfügung stehen. Das Verbrennen von Biomasse zur Erzeugung von Wärme und Strom sollte in unserem Versorgungssystem aus erneuerbaren Energien eine wichtige Rolle spielen.

ENERGIE AUS MÜLL

Es gibt noch eine weitere Quelle für Biomasse. Sie ist billig, außerordentlich ergiebig und weltweit vorhanden: riesige Mülldeponien, auf denen Nahrungsabfälle und Pflanzenteile verfaulen. Wenn sich Pflanzen zersetzen, geben sie Methan ab – und das ist praktisch dasselbe wie Erdgas. Das von einer Müllhalde aufsteigende Methan verstärkt den Treibhauseffekt

Manche Deponien fangen einen Teil des vom Müll aufsteigenden Methans auf. Das Gas dieser Deponie in New Jersey trägt mit zur Energieversorgung von 25 000 Haushalten bei.

in der Atmosphäre. Wenn man es aber vorher auffängt, kann man es verbrennen, um Häuser zu beheizen oder zu kochen oder um elektrische Strom zu erzeugen. In manchen Städten gibt es sogar Busse, die mit diesem Gas fahren. Methan von Mülldeponien ist eine wertvolle Ressource – und einige Firmen könnten viel Geld mit der Gewinnung von Methan verdienen.

Es gibt bereits Anlagen, um das Methan von Müllkippen aufzufangen. Bei der gängigsten Methode werden senkrechte Brunnen in die Mülldeponien gebohrt. Das Gas sickert in die Brunnen und wird von dort zu einem Speicher geleitet.

Seit 1996 gilt in den USA ein Deponiegesetz, nach dem alle neu angelegten Müllhalden das Methan auffangen müssen, das sie produzieren. Auf manchen Deponien wird es anschließend einfach nur verbrannt. Dadurch wird zwar kein allzu großer Schaden angerichtet. Aber wesentlich umweltfreundlicher wäre es natürlich, das Methan als Energiequelle zu nutzen. Zahlreiche Unternehmen haben sich mit den Betreibern von Mülldeponien zusammengetan, um aus Methan Strom und Wärme zu erzeugen. So deckt das BMW-Werk in Greer, South Carolina, 70 % seines Strombedarfs durch Methan und konnte dadurch in sechs Jahren 5 Millionen Dollar pro Jahr an Energiekosten sparen.

Das deutsche Dorf Jühnde in Niedersachsen deckt seinen gesamten Bedarf an Wärme und Strom durch ein Biomassekraftwerk, das auch Holzhackschnitzel und Tierabfälle verwertet.

»SCHLAUE« BIOTREIBSTOFFE

Biotreibstoffe können sich zu einer wichtigen erneuerbaren Energiequelle entwickeln – vorausgesetzt, sie werden richtig produziert und eingesetzt. In Indonesien wurden große Flächen der Regenwälder abgeholzt, um Platz für Ölpalmenplantagen zu schaffen. Der Grund dafür: Die Verwendung von Palmöl bei der Herstellung von Biodiesel wurde in den USA steuerlich begünstigt. Aber Wälder abzuholzen, um Biotreibstoff herzustellen, ist sicher keine gute Lösung.

Regierungen in aller Welt haben angefangen, die Produktion und Verwendung von Biotreibstoff gesetzlich zu regeln: Er soll nicht zum Klimawandel beitragen, sondern helfen, ihn zu stoppen. Das bedeutet, dass die Pflanzen für seine Gewinnung keine Wälder und essbaren Nutzpflanzen verdrängen dürfen und dass bei der Herstellung weder zusätzliches Kohlendioxid erzeugt noch große Mengen von Wasser verbraucht werden sollen.

Ja, wir können tatsächlich Treibstoff anbauen. Und wenn wir es richtig anstellen, wird uns Biomasse dabei helfen, den Klimawandel zu stoppen.

7. Kapitel

Können wir CO$_2$ einfangen?

Können wir das bei der Kohleverbrennung aufsteigende Kohlendioxid abfangen, bevor es in die Atmosphäre gelangt?

Was für eine großartige Idee: Wäre es nicht toll, wenn wir so viel Kohle verbrennen könnten, wie wir wollten, ohne dass CO$_2$ in die Luft gelangt? Diese einfache Idee hat einen komplizierten Namen: CO$_2$-Abscheidung und -speicherung. Die englische Abkürzung dafür lautet CCS *(CO$_2$ Capture and Storage)*.

CCS bedeutet, dass man das bei der Kohleverbrennung aufsteigende CO$_2$ auffängt (= Abscheidung) und es irgendwo im Boden vergräbt (= Speicherung). Wenn das funktionieren würde, wäre Kohle nicht mehr Verursacher von Treibhausgasen, und wir könnten sie für die Energieproduktion nutzen, ohne das Klima unseres Planeten zu zerstören.

◀ Im Rahmen des CCS-Projekts *In Salah* in Algerien werden alljährlich ungefähr 1 Million Tonnen CO$_2$ unter die Erde gepumpt.

Wenn das funktionieren würde. Und genau das ist das Problem mit der CCS-Technologie.

Tatsache ist, dass trotz jahrzehntelanger Experimente noch kein Kohlekraftwerk gebaut werden konnte, bei dem die CCS-Technik so arbeitet, dass das Kraftwerk wirklich umweltfreundlich wäre.

Damit das CCS-System effektiv funktioniert, müssen drei Voraussetzungen erfüllt werden:

1. Das CO_2 muss abgefangen werden, bevor es in die Atmosphäre steigt.
2. Für den Transport muss das Gas in flüssige Form gebracht werden.
3. Man muss Orte finden, an denen man es gefahrlos im Boden vergraben kann.

Die CCS-Technik verbraucht große Mengen an Energie. Um das gesamte Kohlendioxid aufzufangen, das ein Kohlekraftwerk ausstößt, müssten 25 bis 35 % mehr Energie aufgewendet werden. Das bedeutet, das Kraftwerk müsste ein Drittel mehr Kohle verbrennen, um die gleiche Menge an Energie zu produzieren wie ohne CCS. Oder es würde mit der gleichen Menge Kohle ein Drittel weniger Strom liefern.

Die Kohleindustrie ist der Meinung, dass es nicht schlimm wäre, mehr Kohle zu verbrennen, denn schließlich würde ja kein CO_2 mehr an die Luft abgegeben werden. Doch es gibt einige Probleme: Erstens würde es viel Geld kosten, mehr Kohle zu verbrennen. Damit würde der Preis des mit Kohle produzierten Stroms steigen. Zweitens würde all das Kohlendioxid nicht aufgefangen, das beim Abbau und Transport der zusätzlichen Kohle freigesetzt wird.

Dabei darf man auch nicht die vielen anderen Umweltprobleme des Kohleabbaus vergessen. Im Zuge des modernen Kohleabbaus werden Berggipfel abgetragen und giftige Abfälle in Gewässer und Täler geschüttet. Diese Abfälle enthalten Arsen, Blei, Cadmium und andere gefährliche Stoffe, die häufig in Trinkwasserreservoire einsickern.

Schon heute setzt man flüssiges CO_2 ein, um Erdöl besser fördern zu können. Das CO_2 wird in den Untergrund geleitet und drückt das Öl nach oben.

Heutzutage tragen Kohlegesellschaften die Gipfel von Bergen ab und schütten den Abraum in Flüsse und Täler. Eine Steigerung des Kohleverbrauchs wird noch mehr Umweltschäden wie diese nach sich ziehen.

Kohlendioxid ist nicht der einzige Schadstoff, den Kohlekraftwerke in die Luft pusten. Es fallen nämlich auch Schwefeloxide an, die für sauren Regen verantwortlich sind. Und Stickstoffoxide, die Smog verursachen. Außerdem geben Kohlekraftwerke alljährlich mehrere Tonnen von Quecksilber an die Luft ab. Quecksilber ist ein starkes Gift, das Nerven und Gehirn schädigt.

Kohlekraftwerke verschmutzen auch dann noch die Umwelt, wenn die Kohle schon verbrannt ist.

Die Kohlekraftwerke der USA produzieren jährlich 130 Millionen Tonnen Kohlenasche und Schlamm. Damit sind sie eine der landesweit größten Quellen von Industrieabfall.

Diesen Abfall wieder loszuwerden, ist schon jetzt ein riesiges Problem. Die Asche wird tonnenweise in alte Bergwerke geschüttet. Doch von dort können Giftstoffe ins Grundwasser gelangen. Den Rest versenkt man in großen Auffangbecken. In meinem Heimatstaat Tennessee platzte 2008 eines dieser Becken und 3,8 Millionen m³ giftiger Schlamm zerstörten ein ganzes Stadtviertel.

WOHIN DAMIT?

Kohlendioxid abzufangen, bevor es in die Luft aufsteigt, ist ziemlich schwierig. Es könnte aber gelingen, doch das kostet sehr viel Geld. Und selbst dann stellt sich noch immer die Frage: Wohin mit dem gesammelten CO₂?

Am einfachsten lässt sich CO_2 als Flüssigkeit tief unter der Erde lagern. Die anfallende Menge an CO_2-Flüssigkeit wäre aber sehr groß. Allein das pro Tag von den Kohlekraftwerken der USA erzeugte CO_2 könnte 30 Millionen Ölfässer füllen. Ein landesweites Netz von Leitungen müsste gebaut werden, um das CO_2 von den Kraftwerken zu den Endlagern zu leiten.
Das flüssige CO_2 müsste an Orten gelagert werden, an denen es nicht entweichen kann. Diese sollten in erdbebensicheren Regionen liegen, damit die Lagerstätten nicht durch Risse undicht werden. Bevor man mit der Nutzung dieser Lager beginnt, müsste man jedes ganz genau untersuchen. Bisher konnte man nur Erfahrungen mit sehr kleinen Endlagern sammeln.

Was würde geschehen, wenn das CO_2 an der Erdoberfläche austräte? Zum einen würde es in die Atmosphäre aufsteigen und zum Klimawandel beitragen. Damit wäre der eigentliche Zweck der CCS-Technologie zunichte gemacht.

SO WIRD CO₂ AUFGEFANGEN

Bei der Abscheidung und Speicherung von Kohlenstoff geht man von der Grundidee aus, dass der Kohlenstoff unterirdisch gelagert werden kann. Kohlendioxid wird aus dem Rauch in den Schornsteinen des Kraftwerks herausgefiltert, verflüssigt und in unterirdische Lagerstätten gepumpt. Dafür eignen sich teilweise geleerte Erdöl- und Erdgaslager. Wenn man den Kohlenstoff hineinpumpt, erleichtert dies wiederum die Förderung des noch verbliebenen Gases oder Öls. Das flüssige CO₂ könnte aber auch in natürlichen Gesteinsformationen gespeichert werden.

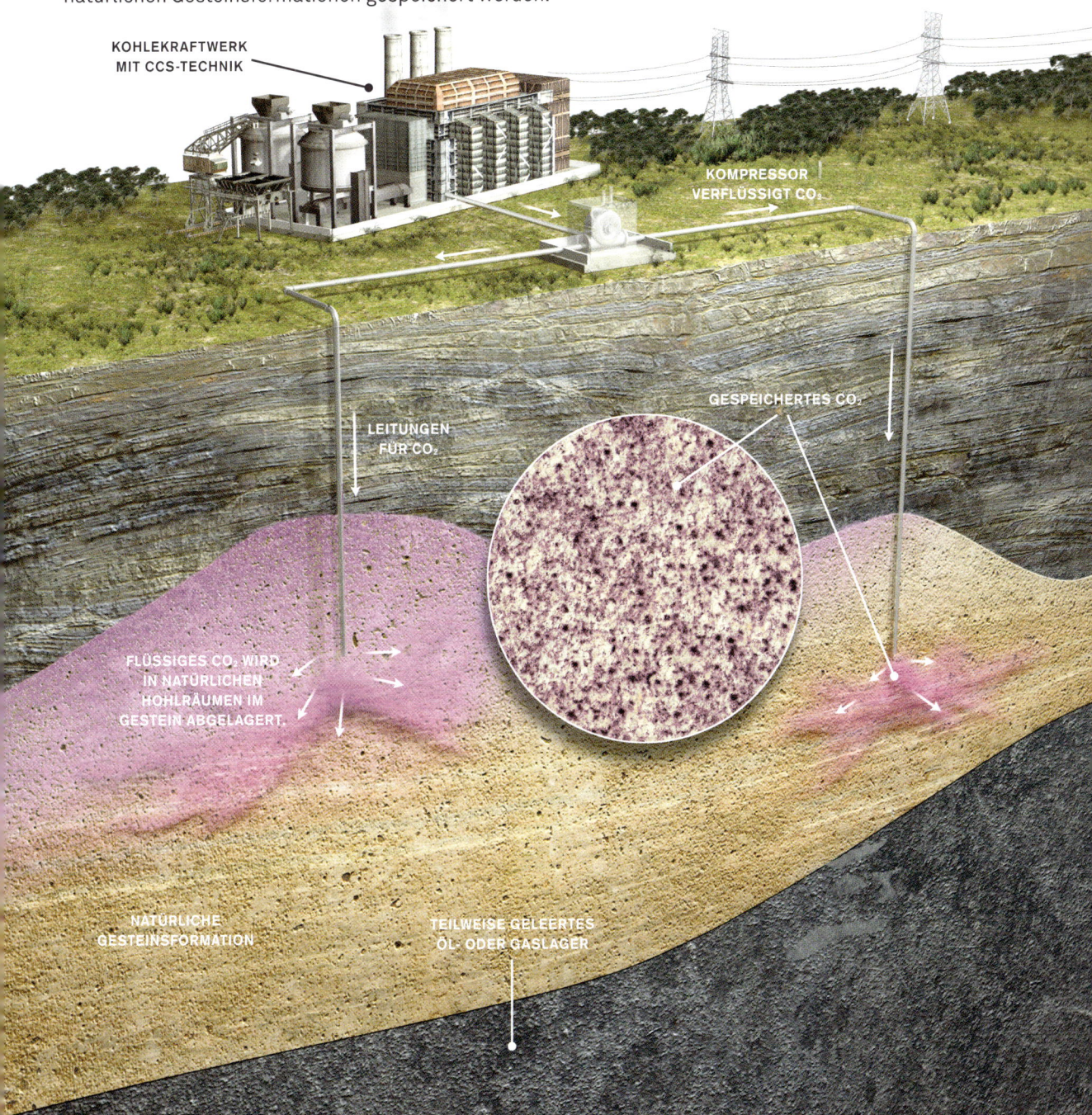

KOHLEKRAFTWERK
MIT CCS-TECHNIK

KOMPRESSOR
VERFLÜSSIGT CO₂

GESPEICHERTES CO₂

LEITUNGEN
FÜR CO₂

FLÜSSIGES CO₂ WIRD
IN NATÜRLICHEN
HOHLRÄUMEN IM
GESTEIN ABGELAGERT.

NATÜRLICHE
GESTEINSFORMATION

TEILWEISE GELEERTES
ÖL- ODER GASLAGER

Wir müssen aber auch noch aus einem anderen Grund vorsichtig sein. 1986 stieg vom Grund eines Sees in Kamerun eine große Menge auf natürliche Weise entstandenes CO$_2$ auf. Nach diesem Ausbruch senkte es sich wie eine Wolke auf die Umgebung des Sees herab und verdrängte dort den Sauerstoff. Über 1700 Menschen erstickten.

Wissenschaftler sind sich zwar weitgehend darüber einig, dass unterirdisch gelagertes CO$_2$ keine solche Katastrophe auslösen könnte. Doch diese Erfahrung zeigt uns, dass wir bei der Auswahl und Untersuchung von Endlagerstätten für CO$_2$ sehr sorgfältig vorgehen sollten.

IST CCS NOTWENDIG?

Trotz all der Fragen, die die CCS-Technik aufwirft, denken manche Leute, dass wir keine andere Wahl haben, als es damit zu versuchen. Das CCS-System ist zwar teuer, doch die Auswirkungen des Klimawandels sind so dramatisch, dass man jede sich bietende Möglichkeit nutzen muss, um ihn zu stoppen. Und noch ein weiterer Punkt spricht für CCS: Wenn es funktioniert, brauchen wir all unsere Kohlekraftwerke nicht stillzulegen.

Derzeit werden mehrere mögliche Endlager für CO$_2$ getestet.

Die Sleipner-Gasplattform in der Nordsee vor der norwegischen Küste ist das erste kommerzielle CCS-Projekt der Welt.

WIE VIEL KOHLE GIBT ES?

Die US-Regierung gibt Milliarden von Steuergeldern für die Entwicklung von CCS-Technologie aus. Das wird teilweise damit gerechtfertigt, dass die USA noch über Kohlevorräte für 250 Jahre verfügen würden. Zumindest wird diese Zahl oft genannt, bewiesen ist sie jedoch nicht.

Die Organisation, die den Kongress in naturwissenschaftlichen Angelegenheiten berät, glaubt dagegen, dass die USA Kohlevorräte für über 100 Jahre haben. Bei einer stärkeren Nutzung wäre der Vorrat jedoch schneller aufgebraucht.

Auch dann wäre es zwar immer noch ziemlich viel Kohle – aber es wird doch deutlich, dass der Vorrat an Kohle begrenzt ist, während Sonne und Wind unbegrenzt zur Verfügung stehen.

Riesige Kohlehalden im Tanggu-Hafen von Tianjin in China

Die meisten davon liegen in großer Tiefe in erschlossenen Erdölfeldern. Das Hineinpumpen von CO_2 erleichtert das Heraufpumpen des dort verbliebenen Öls. Auf einem Ölfeld in Saskatchewan in Kanada, auf Ölfeldern in der Nordsee vor der norwegischen Küste und an anderen Orten werden derzeit entsprechende Versuche durchgeführt. Doch bei keinem dieser Projekte wird mit den riesigen Mengen von CO_2 gearbeitet, die bei einem groß angelegten CCS-System anfallen würden.

Im Rahmen des größten CCS-Projekts der USA, *FutureGen* genannt, soll ein großes CCS-Kraftwerk in Mattoon, Illinois, gebaut werden. Das Unternehmen, das dieses Kraftwerk plant, will damit 90 % kohlenstofffreien elektrischen Strom aus Kohle erzeugen. Allerdings befindet sich das Projekt seit 2003 in Planung, wurde 2008 gestrichen und 2009 nach einer Abstimmung im Kongress wieder in Angriff genommen.

Auch in Linden, New Jersey, in der Nähe von New York, ist ein derartiges Kraftwerk angedacht. Es soll tagsüber in Zeiten des höchsten Strombedarfs Elektrizität erzeugen und nachts Kunstdünger produzieren. Sämtliches anfallendes CO_2 soll in über 100 Kilometer langen Leitungen ins Meer gepumpt und unter dem Atlantischen Ozean gelagert werden.

KOHLE HAT IHREN PREIS

Vielleicht werden einige dieser Projekte Erfolg haben. Dennoch kann keines davon beweisen, dass sich die CCS-Technologie schon heute als mögliche Lösung des Klimaproblems eignet.

Aber hat die Kohleindustrie alles getan, um die Öffentlichkeit davon zu überzeugen, dass CCS bereits jetzt umsetzbar ist. Es werden Genehmigungen beantragt, um neue Kohlekraftwerke zu bauen, die später – so lauten die Versprechen – mit CCS ausgestattet werden sollen.

Die Kohleindustrie hat nicht die riesigen Summen investiert, die nötig gewesen wären, um die CCS-Technik zu verwirklichen. Und sie wird es auch nicht tun. Denn erst wenn die Erzeugung von Kohlendioxid zu einer teuren Angelegenheit wird, wird sich die Kohleindustrie anstrengen, ihre Pläne für CCS in die Tat umzusetzen.
Wenn dies geschieht, könnte das CCS-System eines Tages Teil einer kohlenstofffreien Energieproduktion werden. Doch dieser Tag liegt noch in weiter Ferne.

89

8. Kapitel

Atomkraft als Lösung?

Durch Atomkraft lässt sich Strom herstellen, ohne dass dabei die Luft verschmutzt wird. Aber dennoch wird Atomkraft bei der Lösung des Klimaproblems wahrscheinlich keine große Rolle spielen.

Atomenergie hat zwei Seiten. Die eine zeigt die furchtbare Kraft der Atombombe. Die andere winkt mit der Verlockung, billigen Strom herstellen zu können, ohne dadurch die Umwelt noch stärker zu verschmutzen.

Vor 50 Jahren erzählten uns die Wissenschaftler, dass unser gesamter Energiebedarf durch Atomkraft gedeckt werden könne. Doch in den 1970er-Jahren begannen sich die Leute Sorgen um die Sicherheit der Atom- oder Kernkraftwerke (AKWs) zu machen. Seither hat sich in der amerikanischen Atomindustrie nicht mehr viel getan. Nach 1972 wurden in den USA keine Atomkraftwerke mehr fertig gebaut oder neu errichtet.

Die Angst vor dem Klimawandel jedoch verstärkte erneut das Interesse an Atomkraft. AKWs erzeugen Strom, ohne dass dabei große Mengen an Treibhausgasen entstehen. Können sie also zur Lösung des Klimaproblems beitragen? Die Antwort ist wahrscheinlich leider Nein.

◄ In dem Atomkraftwerk *Three Miles Island* in Pennsylvania kam es 1979 zu einer teilweisen Kernschmelze. Nur einer der beiden Reaktoren ist weiterhin im Einsatz.

DIE ATOMSPALTUNG

Was drückt eigentlich Einsteins berühmte Formel $E = mc^2$ aus? Sie sagt unter anderem, dass eine winzige Menge an Materie ungeheuer viel Energie erzeugen kann. Wenn all diese Energie in einem einzigen Augenblick freigesetzt wird, kommt es zu einer Atomexplosion. Setzt man sie auf kontrollierte Art und Weise in einem Atomreaktor frei, erhält man durch eine kleine Menge an Brennstoff sehr, sehr viel Wärme.

In einem Atomreaktor kann man aus einem Pfund Uran so viel Energie wie aus 3 000 000 Pfund Kohle gewinnen.

Atomenergie entsteht durch die Spaltung eines Atomkerns. Die Kerne der Atome bestehen aus Neutronen und Protonen. Wenn man das aufbricht, was Protonen und Neutronen zusammenhält, werden große Mengen an Energie frei.
Die meisten Atomkraftwerke verwenden als Brennstoff Uran. Wird der Kern eines Uranatoms von einem freien Neutron

In einem Atomkraftwerk in South Carolina versiegeln Arbeiter einen Behälter mit schwach radioaktiven Abfällen.

SO FUNKTIONIERT EIN ATOM- KRAFTWERK

Aus Uranatomen gefertigte Brennstäbe kommen in Reaktorbehälter, damit die radioaktive Strahlung nicht nach außen dringt. Sobald die Stäbe nahe beieinander sind, beginnt eine kontrollierte Kettenreaktion. Dadurch entsteht sehr viel Energie in Form von Wärme. Dann wird Wasser durch den Reaktorbehälter gepumpt und in Dampf umgewandelt. Dieser Dampf treibt eine Turbine an.

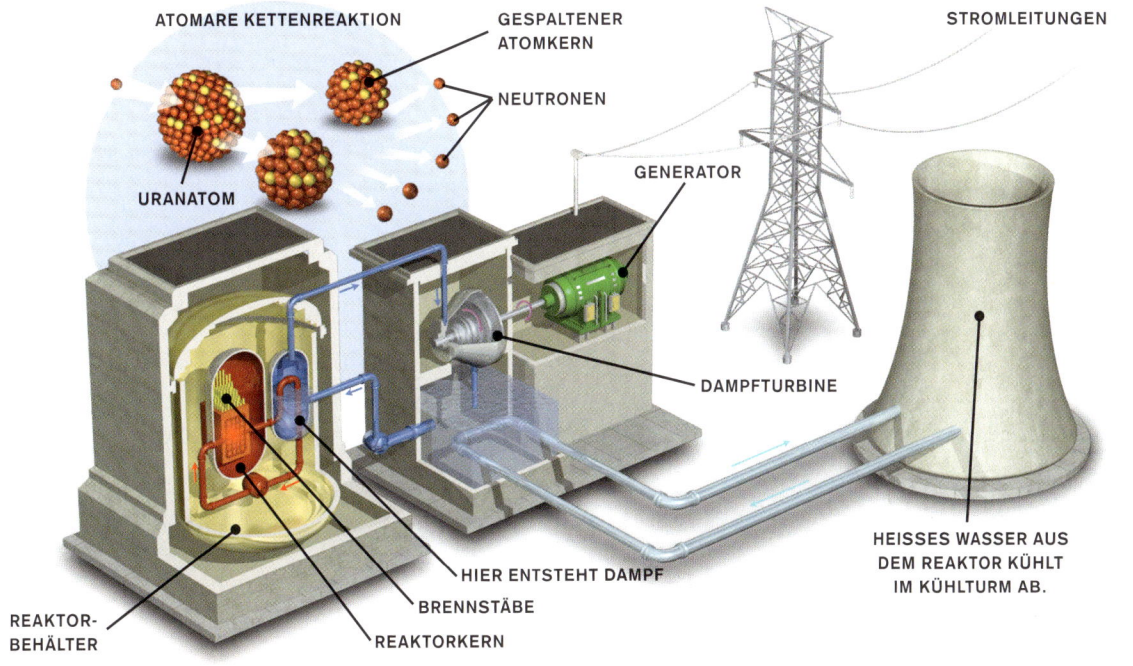

ATOMARE KETTENREAKTION

GESPALTENER ATOMKERN

NEUTRONEN

STROMLEITUNGEN

GENERATOR

URANATOM

DAMPFTURBINE

HIER ENTSTEHT DAMPF

BRENNSTÄBE

HEISSES WASSER AUS DEM REAKTOR KÜHLT IM KÜHLTURM AB.

REAKTOR- BEHÄLTER

REAKTORKERN

getroffen, spaltet er sich. Dabei entweichen große Mengen von Wärme und Strahlung. Strahlung ist eine Art von Energie und kann viele Formen annehmen. Die bei einer Atomreaktion entstehende Strahlung kann tödlich sein.

Spaltet sich der Kern eines Uranatoms, entweichen auch weitere freie Neutronen.

Wenn eines dieser Neutronen ein anderes Uranatom trifft, wird sich dessen Kern ebenfalls spalten. Dabei werden dann wieder Energie und Neutronen freigesetzt. Das nennt man *Kettenreaktion.*

Ist genug Uran vorhanden, kann die Kettenreaktion zu einer Atomexplosion führen. Allerdings sind Atomreaktoren so gebaut, dass sie dies verhindern. Steuerstäbe ziehen die herumfliegenden Neutronen an und verlangsamen oder stoppen die Kettenreaktion.

WIE SICHER IST ATOM-KRAFT?

Sobald die Kettenreaktion eingesetzt hat, arbeitet ein Atomkraftwerk ähnlich wie ein Kohlekraftwerk oder ein Solarkraftwerk. Mit der durch die Kettenreaktion entstehenden Wärme wird Wasser zum Kochen gebracht und Dampf erzeugt. Der Dampfdruck dreht eine Turbine an, die wiederum einen Strom erzeugenden Generator antreibt.

Dabei entstehen weder Kohlendioxid noch andere Treibhausgase. Manche Länder beziehen fast ihre gesamte Energie von AKWs. Warum machen das nicht alle Nationen, um den Klimawandel zu stoppen?

In den USA entstanden in den letzten Jahrzehnten keine neuen Atomkraftwerke mehr, weil viele Menschen ihre Sicherheit anzweifelten. Im März 1979 kam es im Atomkraftwerk *Three Miles Island* in Pennsylvania beinahe zu einer Kernschmelze: Die Kettenreaktion geriet außer Kontrolle. In solch einem Fall besteht die Gefahr, dass die dicken Wände des Reaktors platzen und große Mengen tödlicher Strahlung entweichen. Genau das geschah 1986 in einem Atomkraftwerk in Tschernobyl nahe der Grenze zwischen der Ukraine und Weißrussland. Die Kettenreaktion geriet außer Kontrolle, die Reaktorwände wurden zerstört und eine riesige radioaktive Wolke stieg auf. Insgesamt starben 4000 Menschen (oder sterben noch in Zukunft an den Nachwirkungen dieses Unfalls). Ungefähr 350 000 Menschen mussten ihre Häuser verlassen.

◄ Bei meinem Besuch in Tschernobyl 1988 sah ich den Reaktor, in dem es zu einer Kernschmelze gekommen war. Ich ging auch durch die benachbarte Stadt, in der niemand mehr lebte. Bei dem Unfall wurde eine hundertmal stärkere Strahlung freigesetzt als bei den Atombomben, die im Zweiten Weltkrieg auf Nagasaki und Hiroshima abgeworfen wurden.

KERNKRAFTWERKE IN ALLER WELT

Derzeit sind über 436 Atomkraftwerke auf der Welt in Betrieb. Die USA verfügen über 104 aktive AKWs, die knapp 31 % des weltweit durch Atomkraft erzeugten Stroms produzieren.

PRODUZIERT ATOMSTROM
(mit Anzahl der AKWs)

PRODUZIERT ATOMSTROM UND BESITZT ATOMWAFFEN
(mit Anzahl der AKWs)

Die durch eine Reaktorexplosion entstandene Strahlung kann sich in einem Umkreis von 4000 Kilometern auswirken. Die giftigen Substanzen bleiben lange Zeit im Boden und können schlimme Krankheiten auslösen.

Im Zusammenhang mit Atomkraftwerken ergeben sich aber auch noch andere Sicherheitsprobleme. Eines davon betrifft den Atommüll. Denn auch nachdem es im Reaktor verwendet wurde, gibt Uran noch viele Tausend Jahre lang eine tödliche Strahlung ab. Bis heute wurde in den USA noch keine Entscheidung getroffen, wo der tödliche Atommüll gelagert werden soll. Der Plan, ihn tief unter der Wüste Nevadas zu vergraben, wurde verworfen.

DURSTIGE ATOME

Die meisten AKWs benötigen täglich mehrere Millionen Liter Wasser – zumeist um den Dampf abzukühlen, der die Turbinen angetrieben hat. Dieses Wasser kommt mit der radioaktiven Strahlung nicht in Berührung und wird größtenteils in den Fluss oder See zurückgeleitet, dem es entnommen wurde. Es ist aber so heiß, dass es Fische und andere Lebewesen töten kann.

In neuerer Zeit mussten AKWs abgeschaltet werden, wenn Trockenperioden zu Wasserknappheit führten. Infolge der Erderwärmung kann dies in Zukunft immer öfter passieren.

WIND — UM 0

SONNE (PV) — UM 0

GAS — 447 – 760

WASSERVERBRAUCH IN LITER, UM EINE MEGAWATTSTUNDE ENERGIE ZU ERZEUGEN

KOHLE — 1249 – 2082

ATOMKRAFT — 1685 – 3293

ATOMARE HINDERNISSE

Diese Sicherheitsprobleme sind sehr ernst zu nehmen, können aber wohl irgendwann gelöst werden.

Doch so lange können wir nicht mehr warten. Wir müssen jetzt sofort neue Wege finden, um Strom zu erzeugen. Und vermutlich werden Atomkraftwerke auch in einigen Jahren bei der Energieversorgung noch keine wichtigere Rolle spielen als heute, denn sie kosten zu viel, und es dauert zu lange, sie zu bauen.

Es hat sich herausgestellt, dass der durch Atomkraft gewonnene Strom sehr teuer ist. Die geschätzten Kosten für den Bau eines Atomkraftwerks stiegen von rund 400 Millionen Dollar in den 1970er-Jahren auf 4 Milliarden in den 1990er-Jahren. Der Bau dauert 15 bis 20 Jahre und die Gesamtkosten können während der Bauphase um bis zu einer Milliarde Dollar pro Jahr steigen.

Manche Amerikaner sind der Meinung, das eigentliche Problem wäre die Regierung, die ständig Vorschriften erlasse, die alles verzögerten. Tatsächlich aber gibt es heute weniger Vorschriften als früher. Und auf diese wenigen können wir nicht verzichten, denn sie sorgen für die Sicherheit. Das eigentliche Problem ist, dass Atomkraftwerke sehr kompliziert zu bauen sind. Man kann sie nicht in Massen herstellen wie Solarmodule. Die meisten der über 436 Atomkraftwerke der Welt wurden nach individuellen Plänen errichtet. Es gibt zu wenige Ingenieure, die darauf spezialisiert sind, und es gibt auch zu wenig Bauteile. So stellt z. B. nur eine einzige japanische Firma ein bestimmtes Teil her, das alle Atomkraftwerke brauchen. Und diese Firma kann im Jahr nur vier dieser Teile liefern.

STROM ODER BOMBEN?

Wenn viele neue Atomkraftwerke gebaut werden, zeichnet sich noch ein weiteres Problem ab – und zwar ein sehr großes: Wer über Fachwissen verfügt, kann aus dem in Atomkraftwerken verwendeten Brennstoff einen wichtigen Bestandteil von Atombomben herstellen.

Wird ein AKW gebaut, ermöglicht das einem Land zugleich, Atomwissenschaftler und Ingenieure auszubilden. Aber diese Wissenschaftler und Ingenieure könnten von einem Diktator dazu gezwungen werden, Atomwaffen zu entwickeln. Das ist tatsächlich der Hauptgrund dafür, dass in den letzten 25 Jahren weltweit immer mehr Atomwaffen entstanden sind. Wenn wir die Klimakrise mithilfe von Atomkraft lösen – wie können wir dann verhindern, dass gleichzeitig immer mehr Atomwaffen gebaut werden?

ATOMKRAFT IST KEINE LÖSUNG

Derzeit wird an der Entwicklung von mindestens hundert neuen Typen von Atomkraftwerken gearbeitet. Bei einigen ist eine neue Art von Atomreaktion geplant, die *Fusion.* Andere verwenden einen Brennstoff, der wesentlich sicherer ist und aus dem man keine Atombomben basteln kann. Doch es wird noch lange dauern, bis diese Pläne ausgereift sind. Die nächste Generation von Atomkraftwerken kann möglicherweise erst in 25 Jahren gebaut werden.

So lange können wir nicht warten, zumal uns bessere kohlenstofffreie Energiequellen zur Verfügung stehen. Vielleicht kann uns Atomenergie eines fernen Tages helfen, unseren Energiebedarf zu decken. Bis dahin müssen wir uns für Lösungen entscheiden, die heute schon funktionieren, um unseren Planeten zu retten.

9. Kapitel

Wälder: Die Lungen der Welt

Die Wälder dieser Erde sind ein wichtiger Verbündeter im Kampf gegen den Klimawandel. Wir müssen sie retten.

Manchmal werden die Wälder als »Lungen der Welt« bezeichnet: Tag für Tag nehmen sie Tonnen von Kohlendioxid aus der Luft auf und schenken uns dafür frischen Sauerstoff. Dennoch zerstören wir diese wunderbare Quelle gedankenlos.

Die Entwaldung – die Zerstörung der Wälder unseres Planeten – ist eine wesentliche Ursache für den Klimawandel. Denn wenn riesige Waldflächen gerodet und niedergebrannt werden, beeinflusst das unser Klima doppelt: Wenn die Bäume brennen, steigen erstens Tonnen von Kohlendioxid in die Luft auf. Und zweitens können diese toten Bäume kein CO_2 mehr aus der Atmosphäre aufnehmen.

◀ Der Regenwald am Amazonas ist immer noch der größte der Welt, obwohl jedes Jahr über 10 000 km^2 abgeholzt werden.

→ **Brandrodung ist die zweit-größte CO_2-Quelle. Nur beim Verbrennen fossiler Brenn-stoffe gelangt noch mehr zu-sätzliches CO_2 in die Luft.**

Ungefähr 22 % der Luftverschmutzung mit Kohlendioxid werden durch die Zerstörung unserer Wälder hervorgerufen. Dabei entsteht mehr CO_2, als alle Autos und Lastwagen der Welt an die Luft abgeben.

BRANDRODUNG

Jede Sekunde werden irgendwo auf der Welt ungefähr 4000 m² Wald abgeholzt. Das sind mehr als 137 600 km² pro Jahr. Innerhalb eines Jahres wird also eine Fläche abgeholzt, die in etwa 40 % der Fläche Deutschlands entspricht.

Größtenteils findet diese Entwaldung in den Entwicklungsländern der Tropen statt, unter anderem in Brasilien, Indonesien, Sudan, Myanmar, Sambia,

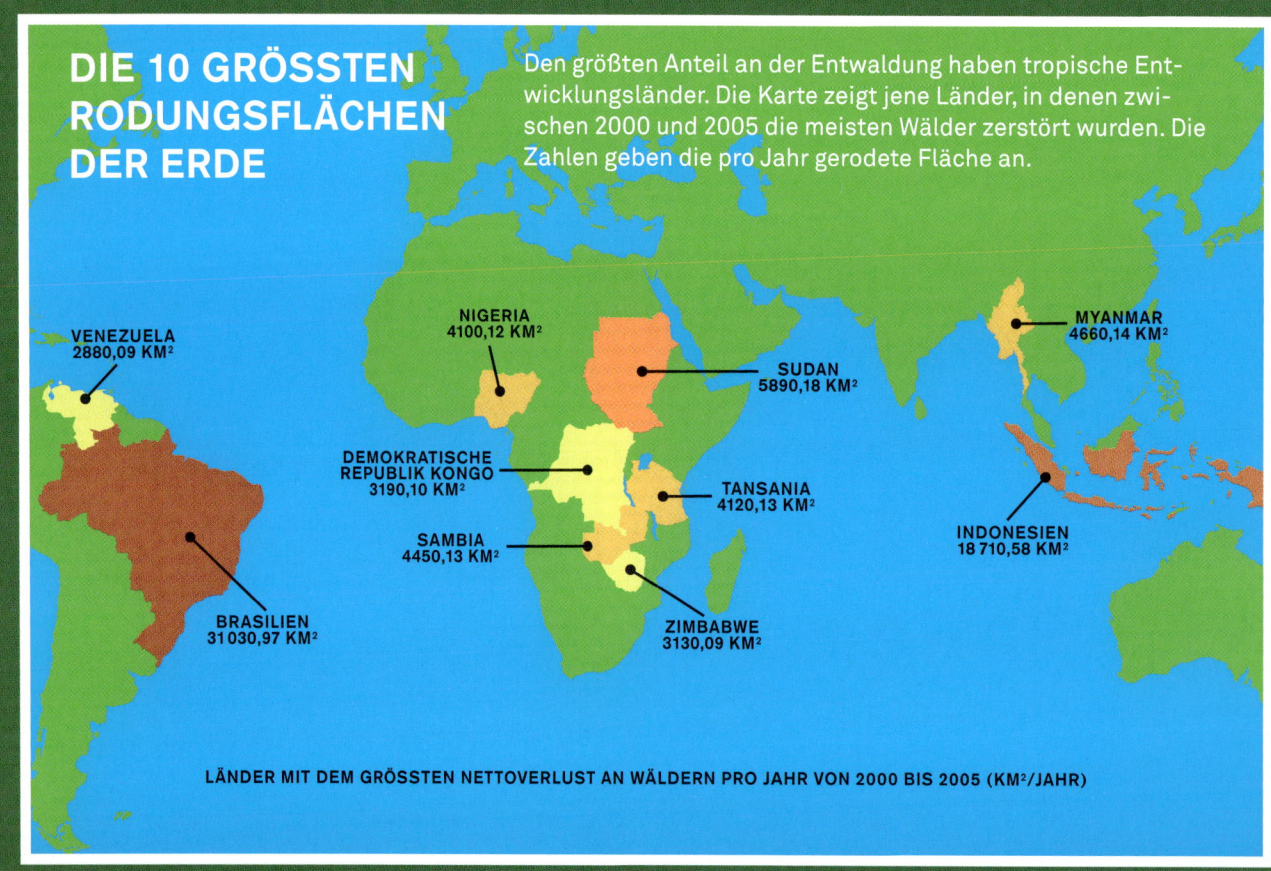

DIE 10 GRÖSSTEN RODUNGSFLÄCHEN DER ERDE

Den größten Anteil an der Entwaldung haben tropische Entwicklungsländer. Die Karte zeigt jene Länder, in denen zwischen 2000 und 2005 die meisten Wälder zerstört wurden. Die Zahlen geben die pro Jahr gerodete Fläche an.

VENEZUELA
2880,09 KM²

NIGERIA
4100,12 KM²

SUDAN
5890,18 KM²

MYANMAR
4660,14 KM²

DEMOKRATISCHE
REPUBLIK KONGO
3190,10 KM²

TANSANIA
4120,13 KM²

SAMBIA
4450,13 KM²

INDONESIEN
18 710,58 KM²

BRASILIEN
31 030,97 KM²

ZIMBABWE
3130,09 KM²

LÄNDER MIT DEM GRÖSSTEN NETTOVERLUST AN WÄLDERN PRO JAHR VON 2000 BIS 2005 (KM²/JAHR)

Brasilien ist für fast die Hälfte aller Rodungen weltweit verantwortlich. Dieses Stück Regenwald wurde niedergebrannt, um Holzkohle zu produzieren und Platz für Sojabohnenfelder und Viehweiden zu schaffen.

Tansania und Nigeria. Brasilien und Indonesien sind gemeinsam für über 60 % der weltweiten Abholzung verantwortlich. Deshalb stehen sie auf der Liste derjenigen Länder, die den Klimawandel am stärksten verschulden, an dritter und vierter Stelle gleich nach China und den USA.

Die Wälder werden in erster Linie abgeholzt, um Platz für Felder und Weiden zu schaffen. Bevorzugte Methode ist die Brandrodung. Dafür werden Bäume und andere Pflanzen zuerst gefällt (gerodet). Wertvolles Holz wird entnommen, den Rest lässt man zum Trocknen liegen. Dann wird die gesamte Fläche abgebrannt und danach werden Felder und Weiden angelegt.

Die Brandrodung ist kein neues Verfahren und wurde schon vor Jahrhunderten von den Ureinwohnern der Amazonasregion ebenso eingesetzt wie von den Bauern in Europa. Doch heute wandern immer mehr Menschen in das Amazonasbecken und andere Regenwaldgebiete ein. Und deshalb werden die Wälder auf unserem Planeten so schnell abgeholzt wie noch nie zuvor.

In Brasilien wurden durch Brandrodung bereits 20 % des Amazonas-Regenwalds zerstört. Das neu gewonnene Land wird

Auf der indonesischen Insel Sumatra werden große Flächen des letzten noch bestehenden Torfmoorwaldes abgeholzt, abgebrannt und trockengelegt, um Ölpalmenplantagen anzulegen.

überwiegend für Viehweiden genutzt. Somit werden also nicht nur Bäume entfernt, sondern auch noch Rinder an ihre Stelle gesetzt, die Methan erzeugen und dadurch den Klimawandel beschleunigen.

In Indonesien und in Malaysia müssen große Wälder Ölpalmenplantagen Platz machen. In der Wachstumsperiode brennen dort gewaltige, von Menschenhand gelegte Feuer Tausende Hektar Wald nieder. Dabei verbrennt auch eine dicke Schicht kohlenstoffreiches Torfmoos, das auf dem Waldboden wächst. Während dieser Monate hängen über Südasien dunkle Wolken aus Ruß und Rauch.

Das aus der Frucht der Ölpalme gewonnene Palmöl wird zum Kochen verwendet. Man kann es aber auch mit Diesel mischen, um Biodiesel zu erhalten. Sobald die Ölpalmen gepflanzt sind, nehmen sie natürlich auch CO_2 aus der Luft auf. Doch die neuen Ölpalmen können nicht all das CO_2 aufnehmen, das durch die Brandrodung des alten Waldes frei wurde.

WEM GEHÖRT DER AMAZONAS?

In diesen armen Ländern werden die Wälder auch abgeholzt, um Sojabohnen, Zuckerrohr und andere Nutzpflanzen

EIN PLATZ FÜR BÄUME, AFFEN UND MENSCHEN

1989 fand Dr. Willie Smits auf einem Müllhaufen in Balikpapan in Indonesien ein Orang-Utan-Baby. Das kleine Affenmädchen war sehr krank. Dr. Smits nahm es mit, pflegte es gesund und gab ihm den Namen Uce.

Uce war nur der Anfang. Zwei Jahre später gründete Dr. Smits die *Borneo Orangutan Survival Foundation* (BOS), das inzwischen weltweit größte Rettungsprojekt für Orang-Utans. In den Zentren des Projekts haben über 1000 Orang-Utan-Babys ein Zuhause gefunden. Aber nicht nur das, denn Dr. Smits wurde ziemlich bald klar, dass er, wenn er die Affen retten wollte, auch den Wald retten musste – ihren Lebensraum.

Doch den Wald konnte er nur mit der Unterstützung der Menschen retten, die in seiner Nähe lebten. Er gründete deshalb ein Reservat, das den Einheimischen ermöglichen sollte, mit dem

Wald Geld zu verdienen. Dadurch hatten sie auch wirtschaftliche Anreize, um den Lebensraum der Orang-Utans zu schützen.

2002 schuf er zusammen mit der *Masarang*-Stiftung ein 2000 Hektar großes Waldreservat, das den Namen *Samboja Lestari* (»Ewiger Wald«) erhielt. Innerhalb des Reservats wurden gerodete Flächen wieder aufgeforstet und Waldbäume und Nutzpflanzen gesetzt, an den Waldrand kamen Zuckerpalmen. Die Einheimischen können diese Nutzpflanzen ernten, ohne Bäume zu fällen. Und allein durch die Zuckerpalmen wurden 3000 Arbeitsplätze geschaffen.

Im Herzen des wieder aufgeforsteten Gebiets, fernab von den Siedlungen der Menschen, liegt das Rettungszentrum für Orang-Utans. Heute leben hier über 200 gesunde Menschenaffen. Die Wiederaufforstung scheint aber auch Klimaveränderungen rückgängig gemacht zu haben. Die Lufttemperatur sank um 3 bis 5 °C, die Wolkendecke nahm um 11 % zu und die Niederschläge stiegen um 20 % an. Das Gebiet, das durch die Abholzungen in eine Wüste verwandelt worden war, ist heute Lebensraum von 1800 Baumarten, 137 Vogelarten und 30 Reptilienarten.

»Alles steht und fällt damit, ob der Wald bleibt oder nicht«, sagt Dr. Smits. Er will, dass die Menschen einsehen, wie wertvoll das Ökosystem Wald ist. »Wenn wir also den Orang-Utans helfen wollen – was ja mein ursprüngliches Ziel war –, müssen wir dafür sorgen, dass die Einheimischen einen Nutzen davon haben.«

Mehr Informationen über die *Borneo Orangutan Survival Foundation* unter www.savetheorangutan.org oder www.bos-deutschland.de und auf der Homepage der *Masarang*-Stiftung www.masarang.org

◀ Dr. Willie Smits mit einigen der Orang-Utans, die seine Stiftung retten konnte

anzubauen. Viele Menschen in diesen Regionen leben in bitterer Armut. Die Verlockung, mit Nutzpflanzen Geld zu verdienen, ist einfach zu groß. Die Regierungen unterstützen die Entwaldung sogar oder schauen weg, anstatt die Wälder zu schützen.

Dagegen zu protestieren ist gar nicht so einfach. Auch in Europa und den USA wurden in der Vergangenheit große Waldflächen abgeholzt. Bevor die europäischen Siedler kamen, war z. B. das Gebiet zwischen dem Atlantischen Ozean und dem Mississippi von Wäldern bedeckt. Und heute sagen wir den Menschen in den Entwicklungsländern, sie sollen die Umwelt schützen und dürfen nicht das Gleiche tun, das wir früher getan haben.

Länder wie Brasilien, Indonesien und die Demokratische Republik Kongo sind darüber verärgert. Sie wollen ihre Wirtschaft vorantreiben und ihren Bürgern helfen, der Armut zu entkommen. Und sie wollen dabei selbst über ihre Rohstoffe entscheiden. Deshalb widersetzen sie sich mitunter dem Versuch, ihre Wälder zu schützen.

Wir denken vielleicht, der Amazonas-Regenwald würde der ganzen Welt gehören. Doch die Brasilianer haben jedes Recht, ihre Lebensqualität mithilfe der Rohstoff-quellen ihres Landes zu verbessern. Das Problem kann nur dadurch gelöst werden, dass man den Menschen zeigt, wie sie durch den Schutz ihrer Wälder mehr Geld verdienen können.

Ein paar weitere Tatsachen machen dieses Argument noch stichhaltiger. Der Boden des tropischen Regenwalds ist nämlich nicht besonders gut dafür geeignet, etwas darauf anzubauen. Die nutzbare Schicht ist ziemlich dünn und nicht sehr fruchtbar. Hier Nutzpflanzen zu züchten, macht nicht viel Sinn.

Wir müssen die Menschen davon überzeugen, dass der Regenwald eine wertvolle Ressource darstellt.

Ein Grund dafür ist seine Artenvielfalt, die *Biodiversität:* Über 50 % aller bekannten Tier- und Pflanzenarten der Erde sind in den Regenwäldern anzutreffen. Und wer weiß, wie viele unentdeckte Arten dort noch leben! Viele dieser Pflanzen könnten als Quelle für neue Medikamente oder Lebensmittel dienen – und daher den Bewohnern der Regenwaldregionen zugleich eine neue Einkommensquelle sein. Doch wenn wir die Wälder zerstören, werden wir nie wissen, was wir alles verloren haben.

Auf diesem Foto eines erodierten Flussufers im Amazonasgebiet ist direkt unter den Bäumen eine dünne Schicht brauner Erde erkennbar. So dünn ist die fruchtbare Erdschicht im Regenwald oft. Deshalb eignen sich Regenwaldflächen nicht für die landwirtschaftliche Nutzung.

DER PREIS DER ENTWALDUNG

Manche Leute glauben, dass die Umwandlung von Wald in Ackerland und Weiden eine gewinnbringende Idee sei. Sie haben keine Ahnung davon, was Wälder tatsächlich wert sind. Ihr wahrer Wert lässt sich nur ermessen, wenn man weiß, was es uns kostet, noch mehr CO_2 zu erzeugen.

Wie berechnet man den Preis von Kohlenstoff? Indem man sich den Schaden ausrechnet, den der Klimawandel unserer Wirtschaft und unserer Umwelt zufügt. Wenn man weiß, wie hoch er ist, könnte man Umweltverschmutzer für jede Tonne CO_2 bezahlen lassen, die sie produzieren.

Wenn man erst einmal weiß, was die Verschmutzung mit CO_2 tatsächlich

DAS SECHSTE GROSSE ARTENSTERBEN

Die meisten Biologen sind der Meinung, dass wir gerade ein Massensterben erleben. Das bedeutet, dass eine große Anzahl von Arten gleichzeitig verschwindet. Eine der Ursachen dafür ist die Zerstörung der tropischen Regenwälder, die den Lebensraum zahlreicher Pflanzen- und Tierarten darstellen. Das letzte große Artensterben ereignete sich, als ein riesiger Asteroid vor 65 Millionen Jahren auf der Erde aufschlug. Damals verschwanden sehr viele Tiere, darunter auch die Dinosaurier.

Zu den bekanntesten heute gefährdeten Arten zählen die Orang-Utans auf Borneo, der Sumatra-Tiger, der Asiatische Elefant und unsere engsten Verwandten im Tierreich, die Schimpansen und Gorillas in Afrika.

Diese Grafik stellt die zu verschiedenen Zeiten existierenden Artenfamilien dar. Eine Familie von Arten ist eine Gruppe miteinander verwandter Tiere. Jede große Kerbe in der Grafik steht für ein großes Artensterben. Die Abbildungen zeigen einige der Arten, die zu dem betreffenden Zeitpunkt ausstarben.

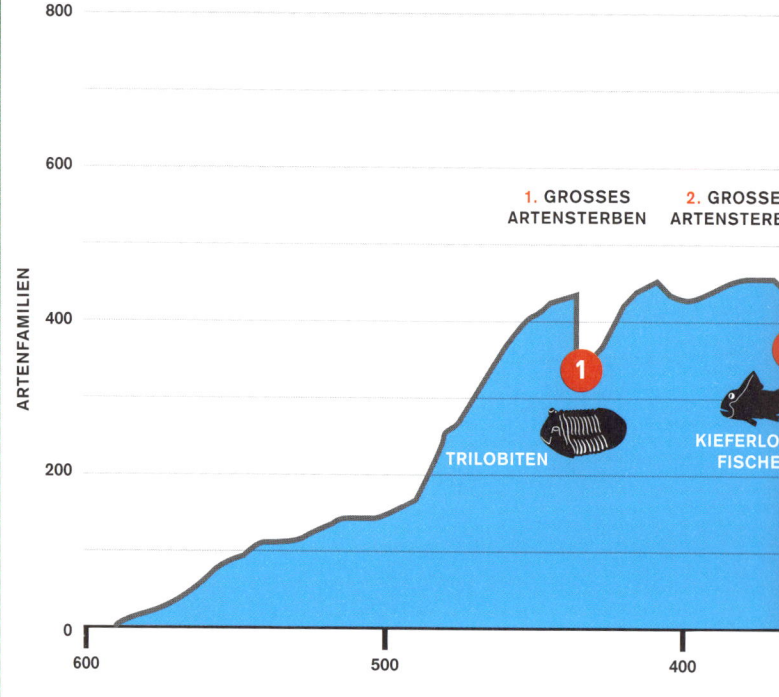

1. GROSSES ARTENSTERBEN

2. GROSSE ARTENSTERBE

TRILOBITEN

KIEFERLOS FISCHE

ARTENFAMILIEN

kostet, machen Abholzungen nicht mehr viel Sinn. Angenommen man würde in einem Land wie Brasilien einen Hektar Wald roden und für 300 Dollar verkaufen. Dann gelangten durch das Fällen und Verbrennen der Bäume 500 Tonnen CO_2 in die Atmosphäre. Würde der CO_2-Ausstoß besteuert, z. B. mit 30 Dollar pro Tonne, würde das Roden dieses Waldstücks 15 000 Dollar kosten.

Eine CO_2-Steuer sollte weltweit erhoben werden. Es wäre der beste Weg, um die Menschen dazu zu bringen, die Wälder zu schützen.

WÄLDER IN GEFAHR

Während wir langsam begreifen, dass Wälder wichtige Verbündete im Kampf gegen den Klimawandel sind, sterben

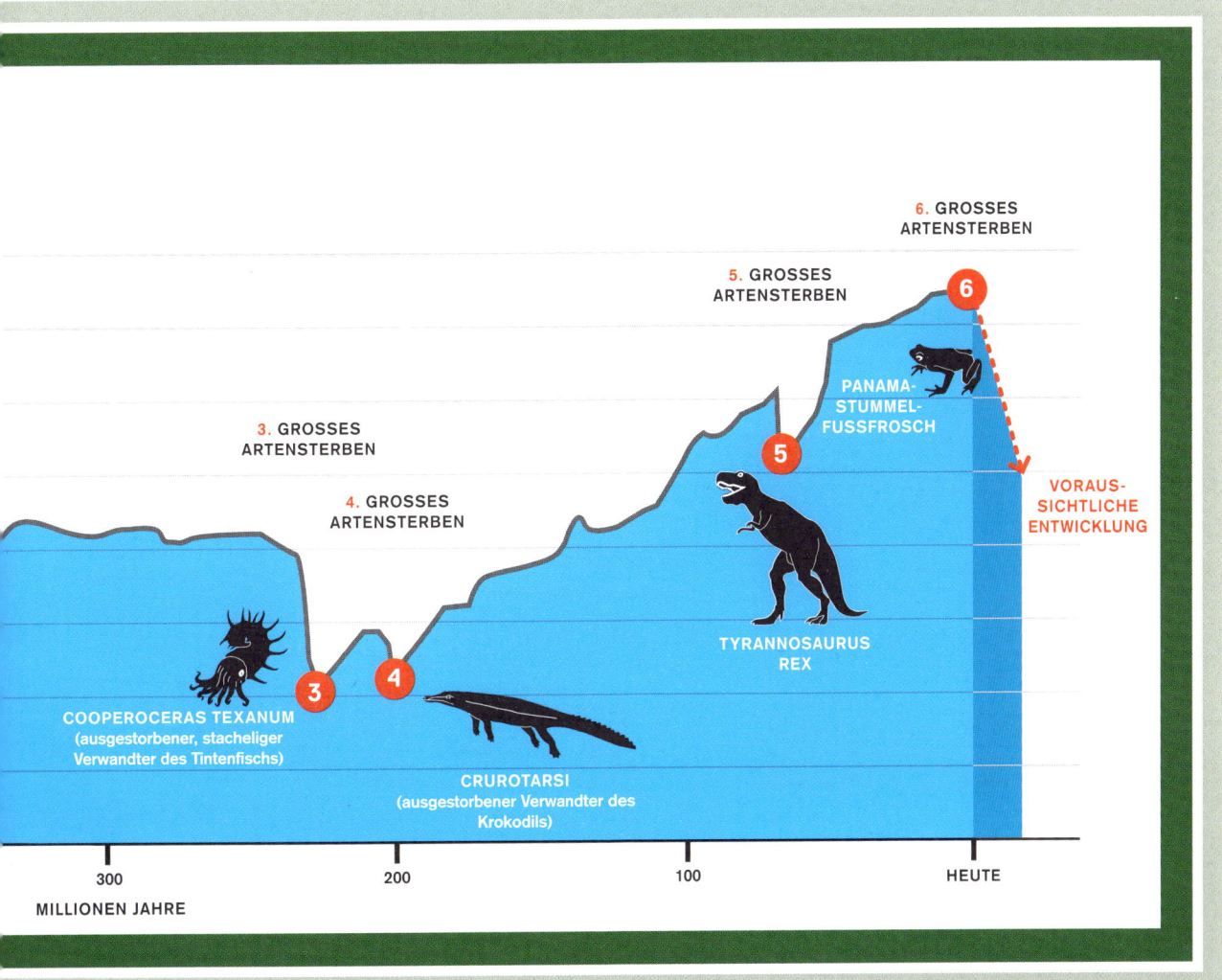

bereits viele von ihnen – und zwar durch eben diesen Klimawandel.

Wälder in Kanada und den USA leiden unter dem Befall von Bergkiefernkäfern. Diese Käfer graben Gänge in die Rinde der Bäume, die daran zugrunde gehen. Früher waren die Winter kälter, und es starben so viele Bergkiefernkäfer, dass sie sich nicht ausbreiten konnten. Aber auch die inzwischen häufiger und länger auftretenden Trockenperioden setzen den Bäumen zu und machen es den Schädlingen leichter, sie zu befallen.

Über 14,8 Millionen Hektar Wald wurden in Kanada und den USA von diesen Insekten zerstört. Auch in anderen Gebieten Nordamerikas und in Europa werden Nadel-

Die Winter in Colorado sind so warm, dass Bergkiefernkäfer nicht mehr in ausreichender Anzahl absterben. Über 240 000 Hektar Wald sind derzeit in Colorado von diesen Schädlingen befallen.

WANGARI MAATHAI: EIN FRIEDENSNOBELPREIS FÜR BÄUME

Wie kann eine einzige Frau 30 Millionen Bäume pflanzen? Wangari Maathai gelang es, indem sie 1977 eine Bewegung ins Leben rief. Das *Green Belt Movement* (»Bewegung Grüner Gürtel«) pflanzt seither in ihrer Heimat Kenia sowie in elf weiteren afrikanischen Ländern Bäume. Diese Aufforstungen sind jedoch nur ein Teil des Programms: Die Bewegung hat sich vorgenommen, die Armut zu bekämpfen, die Landwirtschaft auszubauen und den Menschen zu helfen, das Leben in ihren Gemeinden aktiv mitzugestalten.

Maathai erhielt 2004 den Friedensnobelpreis. Heute arbeitet sie zusammen mit den Vereinten Nationen an dem Programm *Plant for the Planet: Billion Tree Campaign* (in Deutschland: »Plant for the Planet: Bäume für Klimagerechtigkeit«), in dessen Rahmen bereits in aller Welt über drei Milliarden Bäume gepflanzt wurden.

Mehr Informationen über Wangari Maathais Bewegung und wie man selbst aktiv werden kann unter: www.akademie.plant-for-the-planet.org oder www.plant-for-the-planet.de

---

wälder von ähnlichen Schädlingen heimgesucht.

Die Behauptung, der Anstieg des CO_2-Anteils in der Luft würde die Pflanzen schneller wachsen lassen, stimmt nur teilweise. Manche Pflanzen gedeihen zwar tatsächlich schneller. Doch es gibt natürliche Grenzen für das Pflanzenwachstum. Und zudem machen Trockenheit, Waldbrände und Krankheiten, die mit dem Klimawandel einhergehen, diese positive Auswirkung zunichte.

RETTET DIE BÄUME

Wir dürfen nicht vergessen, dass Wälder nicht nur Kohlendioxid aufnehmen, sondern noch viel mehr für uns tun. Sie schützen den Boden vor Erosion und tragen dazu bei, dass er Wasser speichert. Außerdem sind sie Lebensraum vieler Tierarten. Geht der Mensch richtig mit den Wäldern um, können sie ihm wichtige Rohstoffe liefern und zugleich eine gute Einnahmequelle sein. Aus all diesen Gründen müssen wir erhalten, was von den Wäldern

Chinesische Schulkinder pflanzen Bäume in der Nähe von Peking.

dieser Welt noch übrig ist. Es ist noch nicht zu spät!

Um die Wälder zu retten, sollten die Industrieländer und die Entwicklungsländer miteinander ein Abkommen schließen. Wir müssen den Menschen in den Entwicklungsländern helfen, ihren Lebensstandard auf andere Weise zu erhöhen. Mit unserer Hilfe können sie eine kohlenstofffreie Wirtschaft aufbauen und Lösungen finden, um mit ihren Wäldern Geld zu verdienen, ohne sie zu zerstören.

Regierungen in aller Welt haben begonnen, sich ernsthaft um den Schutz der Wälder zu bemühen. So hat sich etwa Brasilien das Ziel gesetzt, die Entwaldung bis zum Jahr 2017 um 70 % zu verringern. China stoppte bereits vor zehn Jahren sämtliche

Rodungen und ist heute bei der Wiederaufforstung weltweit führend.

Allein 2008 bewaldeten die Chinesen eine Fläche von 4,77 Millionen Hektar neu. In China gibt es sogar ein Gesetz, das jedem Bürger über elf Jahren vorschreibt, drei Bäume im Jahr zu pflanzen. Chinesische Schüler müssen mindestens einen Baum pflanzen, bevor sie ihren Abschluss machen können.

Einen Baum zu pflanzen – das mag nicht viel erscheinen. Dabei ist es die unmittelbarste Maßnahme gegen den Klimawandel.

Wenn jeder Mensch auf der Welt zehn Jahre lang zwei Setzlinge jährlich einpflanzen würde, wäre damit die Entwaldung der letzten zehn Jahre wieder aufgehoben.

Junge Menschen in aller Welt können Bäume pflanzen, um der Erderwärmung auf ebenso einfache wie wirksame Weise entgegenzuwirken.

ES GIBT HOFFNUNG

Aber es gibt durchaus Grund zur Hoffnung, dass sich alles zum Besseren wendet. Denn die Zahl der Umweltschutzgruppen hat in den Entwicklungsländern stark zugenommen. Diese Gruppen befassen sich nicht nur mit dem Klimawandel, sondern auch mit vielen anderen Themen. Gemeinsam mit den Regierungen entwerfen sie Programme, um Bäume zu retten und neue zu pflanzen. Wichtige Hilfe leisten auch Satelliten: Die aus dem All aufgenommenen Fotos verraten, ob irgendwo auf der Welt Rodungen stattfinden, und sind so präzise, dass wir nicht nur die Entwicklung der Wälder, sondern sogar jeden einzelnen Baum beobachten können.

Aber Satellitenaufnahmen allein können unsere Wälder nicht retten. Menschen aus allen Ländern der Welt müssen zusammenarbeiten, um diese wunderbaren Ressourcen zu erhalten. Wenn uns das gelingt, können wir alle aufatmen.

10. Kapitel

Boden: Die Haut der Erde

Wenn wir der Luft etwas von dem überschüssigen Kohlenstoff entziehen und an die Erde zurückgeben, erhalten wir einen gesunden, fruchtbaren Boden.

Eine Ursache für den Klimawandel ist, dass die Luft zu viel Kohlenstoff enthält. Doch in Verbindung mit dem Klimawandel gibt es noch ein weiteres Problem – und das spielt sich sozusagen zu unseren Füßen ab. Es handelt sich um eine Art Bodenkrise: Denn im Boden ist *zu wenig* Kohlenstoff.

In der Luft ist Kohlenstoff in Verbindungen wie Kohlendioxid und Methan enthalten. Im Boden ist er an andere Verbindungen gekoppelt, z. B. an Kohlehydrate in Wurzeln, Blättern und Stängeln.

In der Vergangenheit wurde der Gehalt an Kohlenstoff in der Luft, in den Pflanzen und im Boden durch den Kohlenstoffkreislauf ausgeglichen. Doch durch die Verbrennung von fossilen Brennstoffen und andere Handlungen geriet dieser Kreislauf aus dem Gleichgewicht. Und während heute in der Luft zu viel Kohlenstoff ist, enthält der Erdboden an vielen Stellen nicht genug davon.

◀ Der Boden ist die lebende »Haut« der Erde. Hier untersucht ein Forscher den stark erodierten Boden des Palouse-River-Beckens.

Der Überschuss von Kohlenstoff in der Luft heizt unser Klima auf. Doch wenn im Boden kein Kohlenstoff ist, können die Pflanzen nicht mehr wachsen.

Wir müssen das überschüssige CO_2 aus der Luft dem Boden zuführen, damit es die Erde fruchtbar macht und dabei hilft, Nahrung für alle Menschen anzubauen.

Wenn uns das gelingt, können wir den Klimawandel und die Bodenkrise gleichzeitig stoppen.

LEBENDIGE ERDE

Als Junge verbrachte ich die Sommer auf der Farm meiner Familie in Tennessee. Mein Vater erklärte mir, dass die fruchtbarste Erde schwarz ist. Aber erst viel später lernte ich, warum schwarzer Boden fruchtbar ist: Weil er viel Kohlenstoff enthält.

Ein Großteil des Kohlenstoffs stammt von den Überresten toter Pflanzen. Solange sie leben, nehmen Pflanzen Kohlenstoff aus der Luft und aus dem Boden auf. Nach ihrem Tod verrotten sie und der Kohlenstoff gelangt wieder in Luft und Boden zurück.

Fruchtbare schwarze Erde, auch »Humus« genannt, besteht zu ungefähr 58 % aus Kohlenstoff. Den Rest bilden weitere wichtige Stoffe, darunter Stickstoff und Mineralien, die Pflanzen brauchen, um zu gedeihen. In fruchtbarer Erde leben auch Unmengen von Bakterien, Pilzen, Würmern, Insekten und anderen Organismen.

Wenn die Wälder die Lungen der Erde sind, dann ist der Boden ihre Haut. Um Nutzpflanzen anbauen zu können, brauchen wir lebendige, atmende Böden voller Kohlenstoff und Stickstoff und mit all den kleinen und kleinsten Lebewesen, die den Pflanzen helfen zu wachsen.

DIE BODENKRISE

Wie konnte es eigentlich zu einer Bodenkrise kommen? Gibt es denn nicht überall auf der Welt Erde? Das Problem besteht darin, dass nicht jeder Boden ein guter Boden ist. In manchen Gegenden ist er fruchtbar und reich an Kohlenstoff. In anderen enthält er nur sehr wenig Kohlenstoff, und die Pflanzen kümmern vor sich hin.

Der Erdboden enthält mehr als doppelt so viel Kohlenstoff wie die Atmosphäre. Das meiste davon befindet sich in der obersten, nur wenige Zentimeter tiefen Schicht. Doch diese fruchtbare Humusschicht ist

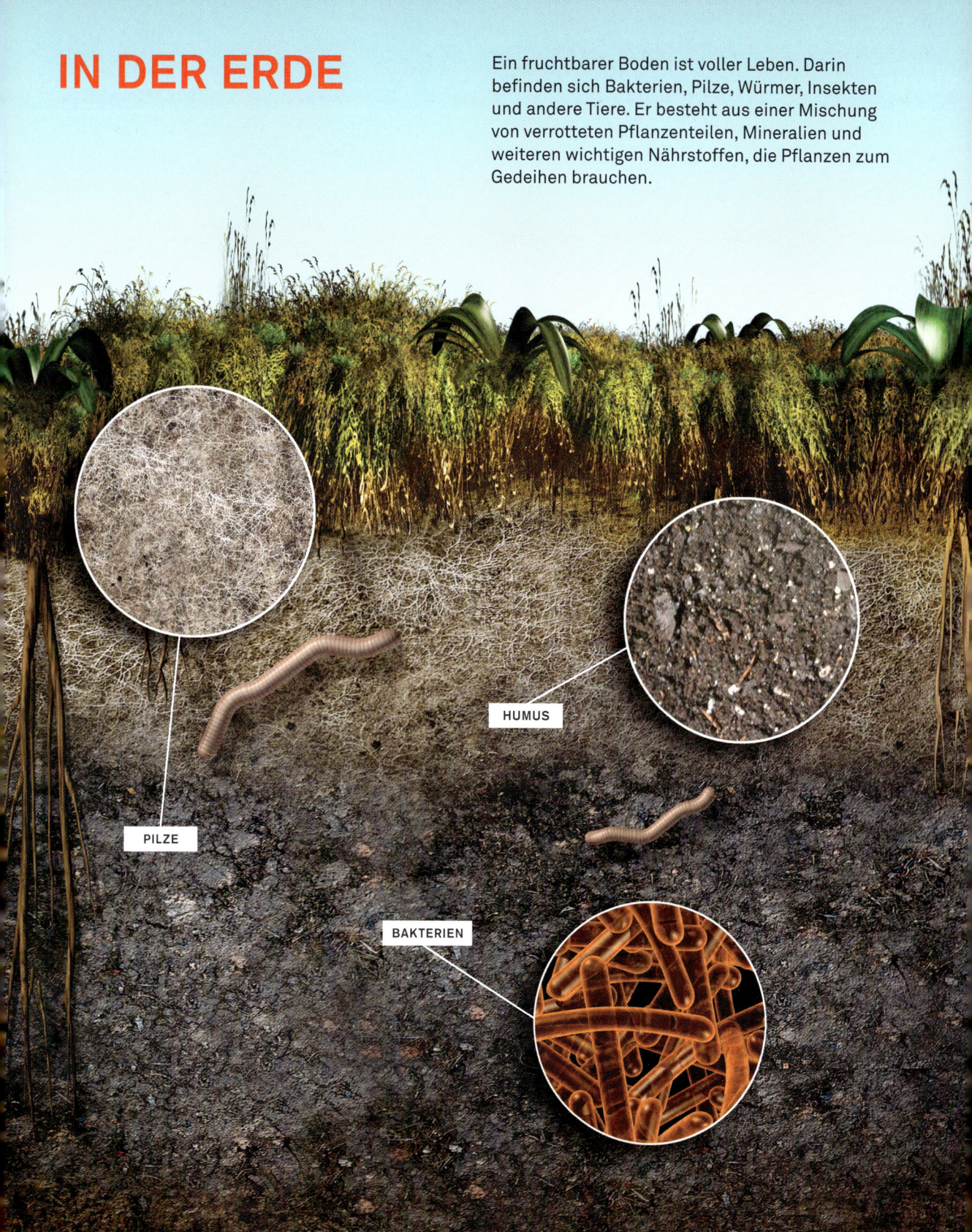

IN DER ERDE

Ein fruchtbarer Boden ist voller Leben. Darin befinden sich Bakterien, Pilze, Würmer, Insekten und andere Tiere. Er besteht aus einer Mischung von verrotteten Pflanzenteilen, Mineralien und weiteren wichtigen Nährstoffen, die Pflanzen zum Gedeihen brauchen.

HUMUS

PILZE

BAKTERIEN

Eines der erschreckendsten Beispiele für Erosion stellt das Lösshochland in der chinesischen Provinz Shanxi dar. Das Land wurde regelrecht abgetragen und nur kleine Anbauflächen sind übrig geblieben.

nicht gleichmäßig verteilt. An einigen Orten baute sie sich über Jahrhunderte hinweg auf. An anderen wurde sie fortgespült. Auch bestimmte Anbautechniken führen zu einem enormen Verlust an Humus. Und genau das ist mit »Bodenkrise« gemeint. Beim Anbau kann man den Boden auf mehrfache Weise schädigen. Er leidet z. B. darunter, wenn er zu oft gepflügt und dabei tief umgegraben wird. Bauern pflügen, um Unkraut loszu-

werden und das Säen zu erleichtern. Dabei wird aber auch die kohlenstoffreiche oberste Schicht bewegt. So entweicht viel Kohlenstoff und der Boden wird weniger fruchtbar.

Humus geht auch dadurch verloren, dass an den falschen Stellen gepflanzt wird. Wenn ein Bauer einen Hang rodet und dort ein Feld anlegt, kann er nur ein oder zwei Jahre lang ernten. Denn die Wurzeln der

Bäume hielten die Humusschicht fest. Ohne die Bäume kommt es zur Erosion: Die Humusschicht wird vom Regen fortgespült, vom Wind weggeweht und der Hang wird unfruchtbar.

Nach der Ernte werden die Stängel, Wurzeln oder Blätter der Nutzpflanze auf dem Feld zurückgelassen. Sie verrotten und der in ihnen enthaltene Kohlenstoff gelangt wieder in den Boden. In ärmeren Ländern jedoch lassen die Menschen nichts auf dem Feld zurück, sodass der Erde von Jahr zu Jahr mehr Kohlenstoff verloren geht.

DAS AMERIKANISCHE STAUBBECKEN

In den 1930er-Jahren hatte es in den USA schon einmal eine Bodenkrise gegeben. In vielen Regionen des Mittleren Westens und Westens wie Kansas oder Iowa gingen Anbauflächen durch Erosion verloren.

Die geschädigten Gebiete lagen in der Prärie. Die Prärie ist ein Grasland, das vor der Ankunft der europäischen Siedler noch nie gepflügt worden war. Die Humusschicht hatte sich im Laufe von Jahrhun-

derten gebildet und wurde durch den Mist der durchziehenden Bisonherden gedüngt. An manchen Stellen war sie über einen Meter tief.

Die Bauern waren von dem dicken, schwarzen Humus der Prärie begeistert. Sie wussten nicht, dass sie durch das Pflügen den

Ein Vater mit seinen Söhnen 1936 in Oklahoma. Die Umweltkatastrophe, die zur Entstehung der *Dust Bowl* (»Staubbecken«) führte, wurde durch Dürre und ungeeignete Ackerbaumethoden herbeigeführt.

Kohlenstoff verloren, der das Land so fruchtbar machte. Riesige Mengen an Kohlenstoff entwichen in die Luft. Das Pflügen lockerte den Boden. Weil die Wurzeln der Gräser ihn nicht mehr das ganze Jahr über zusammenhielten, erodierte der Boden und wurde vom Wind davongetragen. Riesige Staubwolken verdunkelten den Himmel. Aus dem fruchtbarsten Ackerland der Welt wurde die Dust Bowl (»Staubbecken«).

Die Bauern haben aus dieser Erfahrung gelernt. Heute versuchen sie, die ersten Anzeichen von Erosion zu erkennen und sofort etwas dagegen zu unternehmen. Außerdem pflügen sie nicht mehr so wie früher und lassen die Pflanzenteile, die nicht verwertet werden, nach der Ernte auf den Feldern liegen, damit sie verrotten und den Boden nähren.

Leider wird dieses Wissen in anderen Teilen der Welt nicht genutzt. Das gilt besonders für Afrika, wo riesige Flächen durch schlechte Anbautechniken unfruchtbar gemacht werden. Über 80 % des afrikanischen Ackerlands ist in Gefahr. Dieser Verlust an Anbaufläche bedroht die Nahrungsmittelversorgung von Millionen von Menschen. Außerdem gelangt durch die ungeeigneten Landwirtschaftsmethoden noch mehr Kohlenstoff in die Luft und trägt zum Klimawandel bei.

ZURÜCK IN DEN BODEN!

Das alles führt zu weiteren Problemen. Genauer gesagt zu drei schwerwiegenden Problemen:

1. Die Bodenerosion in Entwicklungsländern gefährdet die Nahrungsmittelversorgung.

2. Durch die Verwendung fossiler Brennstoffe trägt die moderne Landwirtschaft zum Klimawandel bei.

3. Der Klimawandel beeinträchtigt bereits jetzt die Nahrungsmittelversorgung.

Für alle drei Probleme gibt es ein und dieselbe Lösung: Wir müssen damit aufhören, Kohlenstoff in die Luft entweichen zu lassen, und ihn stattdessen dem Boden zuführen. Dadurch schützen wir die Humusschicht, werden unabhängig von fossilen Brennstoffen und tragen dazu bei, den Klimawandel zu stoppen.

Die biologische Landwirtschaft ist ein Weg zu diesem Ziel. Biobauern verwenden weder Kunstdünger noch Unkrautvertilgungsmittel. Sie setzen auf natürliche

DIE PROBLEME DER BAUERN

Der Klimawandel wirkt sich bereits heute weltweit auf die Landwirtschaft aus. Das Wetter verändert sich, sodass es in manchen Regionen viel mehr regnet als früher und in anderen viel weniger. Wenn es heiß ist, brauchen Pflanzen mehr Wasser, und manche Pflanzen stellen sogar ihr Wachstum ein, wenn die Temperaturen zu hoch sind. Hitzewellen und Trockenperioden können Pflanzen absterben lassen und die Bodenerosion verstärken. Höhere Temperaturen haben auch oft zur Folge, dass es mehr Insekten und somit auch mehr Schädlinge gibt.

Diese Klimaveränderungen bereiten den Bauern der Regionen in Äquatornähe große Schwierigkeiten. Wenn wir nichts unternehmen, wird in Indien, Mexiko, Sudan und anderen Ländern nur noch halb so viel geerntet werden wie früher.

Gerade moderne landwirtschaftliche Betriebe, die sich auf den Anbau einer Nutzpflanze spezialisiert haben, leiden unter dem Klimawandel. Wenn es für diese eine Pflanze zu heiß wird, bleibt dem Bauern keine andere Einkommensquelle.

Wie schon im 9. Kapitel erwähnt, gedeihen durch den erhöhten CO_2-Gehalt der Luft einige Pflanzen besser. Doch dabei handelt es sich um Unkrautpflanzen, und mehr CO_2 bewirkt nur, dass ihnen Unkrautvertilgungsmittel weniger anhaben können. (Übrigens gedeiht gerade der Giftefeu besonders gut, wenn er mehr CO_2 aus der Luft abbekommt. Er wächst dann nicht nur üppiger, sondern auch sein Gift wird stärker.)

Die Gefährdung der Landwirtschaft ist eine der schlimmsten Folgen des Klimawandels und ein weiterer Grund, warum wir schnell handeln müssen.

Ungewöhnlich lange Dürreperioden und Rekordtemperaturen führten in Australien zu schlimmen Missernten. Früchte und Laub dieses Apfelbaums wurden von der Sonne verbrannt.

Vater und Sohn arbeiten auf den Feldern ihres Biohofes in Whatcom County, Washington. Durch biologischen Landbau erhöht sich nachweislich der Kohlenstoffgehalt des Bodens.

Methoden. Dadurch bleibt die oberste Erdschicht ihrer Felder fruchtbar. Biobauern verwenden weniger fossile Brennstoffe, und ihr naturbelassener Boden produziert gesündere Nahrungsmittel. Und wenn sie in ihrer Region Abnehmer für ihre Produkte finden, wird bei deren Transport weniger Energie verbraucht.

In den USA werden Biolebensmittel immer beliebter. Inzwischen kaufen viele Verbraucher lieber Biofleisch, -obst und -gemüse. Das kostet zwar ein paar Cent mehr, kommt aber langfristig gesehen billiger. Biologisch produzierte Lebensmittel sind gesünder und ihre Erzeugung trägt nicht zum Klimawandel bei. Biolebensmittel zu kaufen ist eine der einfachsten und unmittelbar wirksamsten Entscheidungen, die wir treffen können, um den Klimawandel aufzuhalten.

Leider gibt es für Biobauern kaum finanzielle Unterstützung von der US-Regierung. Das ist von Grund auf falsch. Denn Biolandwirte sollten dafür belohnt werden, dass sie keinen Kohlenstoff in die Luft entweichen lassen.

In West Virginia erzeugt ein Geflügel-
züchter aus Hühnermist und Holzschnit-
zen Biokohle als wertvolles Düngemittel.

BIOKOHLE

Biologische Landwirtschaft kann die Umweltverschmutzung zwar verringern, aber nicht viel von dem überschüssigen Kohlendioxid in der Luft abfangen. Deshalb brauchen wir »Biokohle«.

Kohle besteht überwiegend aus Kohlenstoff. Biokohle ist eine Art von Kohle, die in den meisten Böden nicht verrottet. Das bedeutet, dass im Boden vergrabene Biokohle den größten Teil des in ihr enthaltenen Kohlenstoffs bis zu 1000 Jahre lang nicht abgeben wird.

Aber nicht nur das: Biokohle ist porös. Das bedeutet, sie ist wasserdurchlässig. Pilze, Bakterien und andere Lebewesen, die zu einem gesunden Boden gehören, können sehr gut auf ihr leben. Arbeitet man Biokohle in den Boden ein, vergräbt man also nicht nur Kohlenstoff, sondern macht den Boden auch fruchtbarer.

Das ist keine neue Entdeckung. In Teilen des Amazonas-Regenwalds wurden kürzlich Schichten von Biokohle entdeckt, die dort vor mindestens 1000 Jahren von indianischen Bauern vergraben worden waren. Indem sie Biokohle und Tonscherben vergruben, schufen sie fruchtbares Ackerland. In Brasilien nennt man diese aufbereitete Erde *terra preta,* »schwarze Erde«. Auch heute noch ist die *terra preta* wesentlich fruchtbarer als andere Erde.

Biokohle kann aus Unkraut, Ernteabfällen, Holz – also aus allem, was einmal Teil einer Pflanze war – und sogar aus Mist hergestellt werden. Sie ist die Lösung für die Bodenkrise und ein wichtiger Beitrag, um die Klimaerwärmung aufzuhalten.

Pflanzen nehmen Kohlenstoff aus der Luft auf, und wir verwandeln die Pflanzen in Biokohle. Dann vergraben wir die Biokohle und erhalten gesunden, fruchtbaren Boden.

Biokohle lässt sich auch in einfachen Öfen herstellen, die überall benutzt werden können.
Biokohle kann in Entwicklungsländern ebenso verwendet werden wie in Industrieländern.

Biokohle macht es möglich, der Luft große Mengen an Kohlenstoff zu entziehen – wir müssen es nur wollen.

FRUCHTBARE FELDER DURCH KOHLENSTOFF

Unsere Felder sind in Gefahr. Deshalb müssen wir den Kohlenstoff an den Boden zurückgeben und dafür sorgen, dass er dort bleibt. So kann die Landwirtschaft dazu beitragen, den Klimawandel zu stoppen. Wenn wir unsere Methoden verändern, kann der Ackerboden ungefähr 15 % des CO_2-Ausstoßes aufnehmen, der die Erderwärmung verursacht. Wir können die Humusschicht weltweit schützen und neuen Humus schaffen, ohne dafür fossile Brennstoffe zu verbrauchen.

Das kann Menschen auf der ganzen Welt helfen, den Reichen wie den Armen. Schließlich brauchen wir alle gesunde Lebensmittel und deshalb auch gesunde Böden. Und wir können beides haben, wenn wir die richtige Entscheidung treffen.

123

11. Kapitel

Neun Milliarden Nachbarn

Um die Klimakrise zu lösen, müssen wir Mittel und Wege finden, das Bevölkerungswachstum zu verlangsamen.

Ist der Klimawandel eine Folge des schnellen Bevölkerungswachstums auf unserem Planeten? Tatsächlich ist dieses Wachstum ein Teil des Problems. Von 1,6 Milliarden Menschen im Jahr 1900 wuchs die Weltbevölkerung bis heute auf knapp 6,8 Milliarden an. All diese Menschen verbrauchen Waren und nutzen Energie. Das bedeutet, dass mehr fossile Brennstoffe verbrannt werden und die Erderwärmung verstärkt wird.

Und wir werden täglich mehr. Noch vor dem Jahr 2025 werden auf unserem Planeten etwa eine Milliarde Menschen mehr leben, die meisten davon in den ärmeren Ländern. Und je stärker diese Länder ihre Wirtschaft ausbauen, desto mehr wird ihre Bevölkerung dieselben Dinge haben wollen wie die Menschen in den Industrieländern: Autos, Fernsehgeräte, Waschmaschinen usw. Deshalb werden wir noch mehr Energie benötigen.

◀ Der viel besuchte Markt Oshodi in Lagos, der größten Stadt Nigerias.

Zum Glück verlangsamt sich das Bevölkerungswachstum allmählich.

Schätzungen zufolge wird sich die Zahl der Weltbevölkerung bei etwa 9,1 Milliarden einpendeln. Unser Planet müsste diese Anzahl an Bewohnern eigentlich verkraften können – vorausgesetzt, wir verändern unsere Art zu leben, indem wir die Umweltverschmutzung verringern und lernen, ein bisschen weniger zu konsumieren. Doch ebenso wie der Klimawandel wird das Bevölkerungswachstum sich nicht von allein verlangsamen.

EINE ERFOLGSSTORY

Allerdings sieht es in Sachen Bevölkerungswachstum gar nicht so schlecht aus. Noch vor 30 Jahren sprachen Wissenschaftler in Zusammenhang mit dem Bevölkerungswachstum von einer »tickenden Zeitbombe«. Seither hat sich das Wachstum weltweit jedoch stark verlangsamt.

Dafür gibt es viele Gründe, die alle miteinander zusammenhängen. Vereinfacht dargestellt verhält es sich aber folgendermaßen: In armen Ländern, in denen die Sterblichkeitsrate sehr hoch ist, entscheiden sich die Menschen dafür, viele Kinder zu bekommen. Wenn sich jedoch die Wirtschaft eines Landes entwickelt, die Menschen bessere Ausbildungschancen haben, mehr verdienen und länger leben, wollen sie weniger Kinder.

Es mag auf den ersten Blick seltsam erscheinen, dass das Bevölkerungswachstum in einem Land abnimmt, sobald die Sterblichkeitsrate sinkt. Denn wenn die Menschen länger leben, müsste das doch bedeuten, dass mehr Menschen da sind, oder? Das Gegenteil ist aber der Fall: Wenn die Menschen wissen, dass ihre Kinder bis ins Erwachsenenalter hinein überleben werden, entscheiden sie sich für eine kleinere Kinderzahl. Geht die Sterblichkeitsrate zurück, wird das durch den Rückgang der Geburtenrate mehr als ausgeglichen. Deshalb steigt die Bevölkerungszahl nicht mehr so schnell und kann sogar abnehmen.

1 n. Chr.	50	100	150	200	250	300	350	400	450	500	550	600	650	700	750	800	850	900	950	1000

BEVÖLKERUNGSWACHSTUM

Ebenso wie die Weltbevölkerung wächst, nimmt auch die Menge des CO_2-Ausstoßes zu. Zwischen diesen beiden Faktoren besteht ein Zusammenhang, auch wenn sich ihre Entwicklung nicht immer genau entspricht. Nachdem wir Menschen allerdings begannen, fossile Brennstoffe zu verwenden, stiegen die CO_2-Werte viel schneller an.

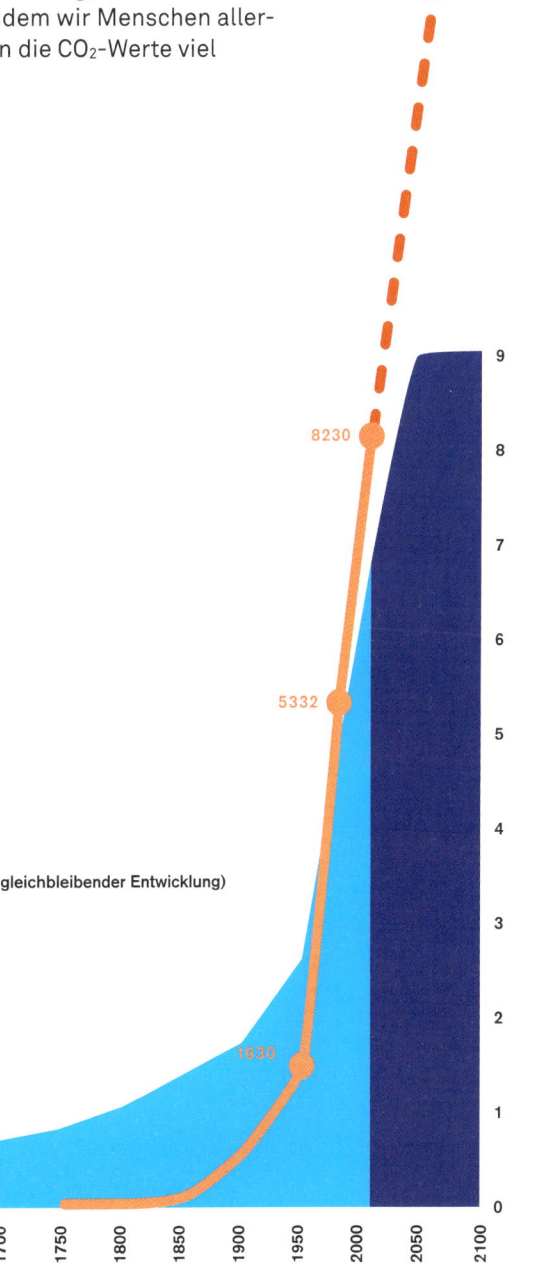

15 000

8230

5332

1630

CO$_2$-AUSSTOSS PRO JAHR
(in Millionen Tonnen)

VORAUSSICHTLICHER CO$_2$-AUSSTOSS PRO JAHR (bei gleichbleibender Entwicklung)
(in Millionen Tonnen)

WELTBEVÖLKERUNG BIS HEUTE

WELTBEVÖLKERUNG IN DER ZUKUNFT

MILLIARDEN MENSCHEN

1150 1200 1250 1300 1350 1400 1450 1500 1550 1600 1650 1700 1750 1800 1850 1900 1950 2000 2050 2100

DIE GROSSE WENDE

Infolge von Veränderungen in der Weltwirtschaft sowie von Regierungsentscheidungen verlangsamt sich das Bevölkerungswachstum gerade. Wenn die Geburtenzahlen auch weiterhin rückläufig bleiben, wird die Weltbevölkerung um 2050 aufhören zu wachsen.

Zum einen liegt das an der verbesserten Gesundheitsfürsorge und der dadurch abnehmenden Sterblichkeit. Aber es gibt noch andere Gründe für diese Entwicklung. So werden z. B. in Bauernfamilien viele Arbeitskräfte – also viele helfende Kinder – benötigt. Wenn aber immer mehr Familien in die Stadt ziehen, brauchen sie nicht mehr so viele Kinder. Außerdem müssen Kinder, um in einem Industrieland erfolgreich zu sein, lange zur Schule gehen und vielleicht auch studieren. Diese Ausbildung ist teuer, und das ist ein weiterer Grund dafür, lieber weniger Kinder zu bekommen.

Wissenschaftler haben diese Veränderungen im Bevölkerungswachstum beobachtet und entdeckt, dass es neben steigendem Einkommen und wirtschaftlicher Entwicklung noch mehr Gründe gibt. Insgesamt wirken vier Faktoren zusammen, die die Geburtenrate in den Entwicklungsländern bremsen:

SO VERLANGSAMT SICH DAS BEVÖLKERUNGSWACHSTUM

1. BILDUNG FÜR MÄDCHEN

Grundschulklasse in Pakistan

2. GLEICHBERECHTIGUNG DER FRAUEN

Iranerinnen gehen zur Wahl.

1. Die zunehmende Schulbildung von Mädchen.

2. Die Gleichberechtigung der Frauen, sodass sie an Entscheidungen beteiligt sind, die in ihren Familien, Gemeinden und Ländern getroffen werden.

3. Eine verbesserte Gesundheitsfürsorge, die eine Abnahme der Kindersterblichkeit zur Folge hat. Die Eltern haben Grund zur Hoffnung, dass alle oder die meisten ihrer Kinder überleben werden.

4. Das Recht und die Möglichkeit der Frauen, zu entscheiden, wie viele Kinder sie haben und wann sie sie bekommen wollen.

Es gibt viele Beweise dafür, dass diese vier Faktoren tatsächlich ausschlaggebend sind – und zwar in allen Ländern dieser Welt.

In 44 der 45 am stärksten entwickelten Staaten mit Bevölkerungszahlen über 100 000 ist die Geburtenrate so stark gesunken, dass mehr Menschen sterben, als geboren werden. Natürlich werden einige arme Länder auch weiterhin noch hohe Geburtenraten aufweisen – doch auch diese Zahlen werden auf Dauer sinken.

3. GERINGE KINDERSTERBLICHKEIT

4. FRAUEN ENTSCHEIDEN, WANN SIE KINDER HABEN WOLLEN UND WIE VIELE.

Masernschutzimpfung in Tadschikistan

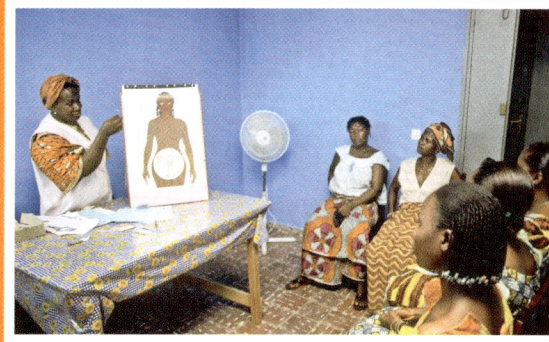

Vortrag zur Familienplanung in der Elfenbeinküste

WACHSENDE STÄDTE, WACHSENDE PROBLEME

Diese Entwicklung lässt Hoffnung aufkommen. Aber auch neue Probleme. Denn wenn arme Länder reicher werden, sehen sie sich einer neuen Schwierigkeit gegenüber: der *Urbanisierung* (Verstädterung). Das bedeutet, dass die Städte in diesen Ländern wachsen. In aller Welt werden aus kleinen Städten große Städte und aus

großen Städten werden gewaltige Megastädte. Immer weniger Menschen können von der Landwirtschaft leben und versuchen, in der Stadt Arbeit zu finden. Zum ersten Mal in der Geschichte der Menschheit wohnen heute mehr Menschen in Städten als auf dem Land.

Lagos, die größte Stadt Nigerias, hatte 1975 1,9 Millionen Einwohner. 2007 waren es 9,5 Millionen und 2025 könnten es

WACHSTUM DER MEGASTÄDTE

Zum ersten Mal in der Geschichte lebt über die Hälfte der Menschheit in Städten. Bis 2025 könnte es weltweit 27 Megastädte geben. Als Megastadt gilt eine Stadt mit mehr als 10 Millionen Einwohnern.

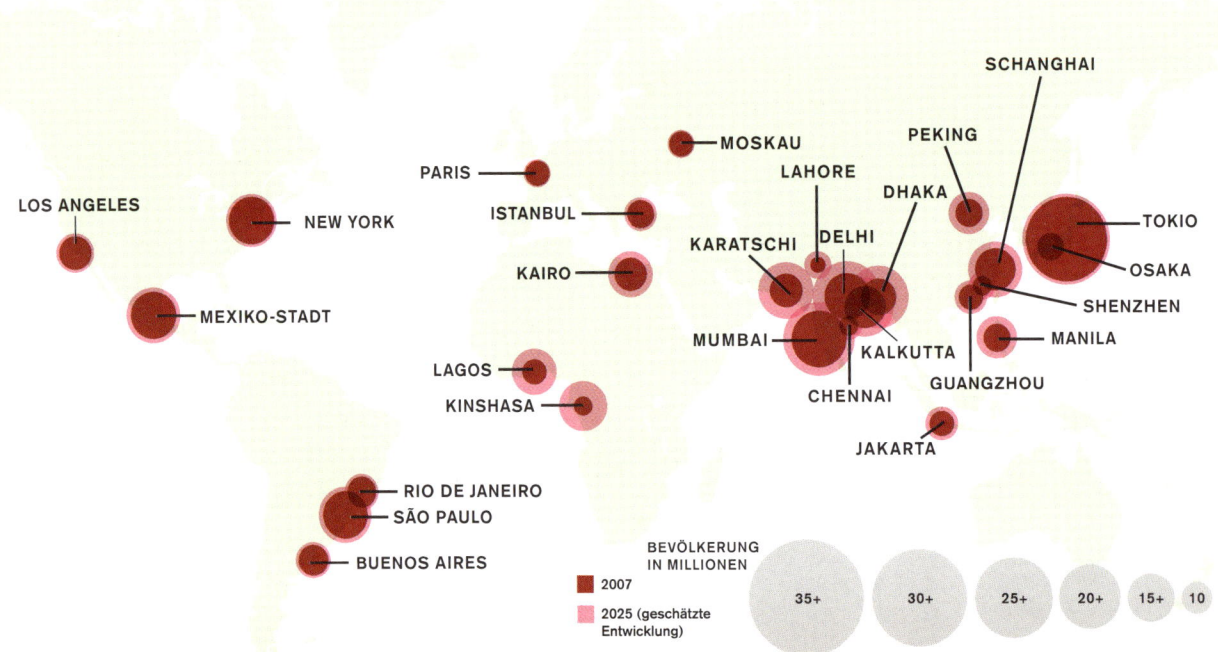

SCHANGHAI

MOSKAU
PARIS
LOS ANGELES
NEW YORK
ISTANBUL
LAHORE
PEKING
DHAKA
TOKIO
KARATSCHI
DELHI
OSAKA
KAIRO
SHENZHEN
MEXIKO-STADT
MUMBAI
KALKUTTA
MANILA
LAGOS
CHENNAI
GUANGZHOU
KINSHASA
JAKARTA
RIO DE JANEIRO
SÃO PAULO
BUENOS AIRES

BEVÖLKERUNG
IN MILLIONEN

2007
2025 (geschätzte Entwicklung)

35+   30+   25+   20+   15+   10

In einem Slum von Delhi, Indien, scharen sich die Menschen um einen Lastwagen, der Trinkwasser bringt. Das dicht besiedelte Viertel verfügt über keine Trinkwasserversorgung.

15,8 Millionen sein. Kinshasa, die Hauptstadt der Demokratischen Republik Kongo, ist die am schnellsten wachsende Stadt der Welt. 2007 hatte sie 7,8 Millionen Einwohner, 2025 werden es wahrscheinlich 16,8 Millionen sein.

Das rasante Wachstum der Städte belastet auch die Umwelt. In vielen Städten der Welt wird die Versorgung mit Trinkwasser immer schwieriger. Die Wasserleitungen sind alt und undicht und oft ist das Trinkwasser mit Krankheitskeimen verseucht. Mexiko-Stadt ist die größte Stadt Amerikas und wächst immer noch. Weil es 2009 weniger Niederschläge gab als sonst,

wurde in Mexiko-Stadt das Wasser knapp, und Hunderttausende von Einwohnern waren von der Wasserversorgung abgeschnitten.

In der Stadt verbrauchen die Menschen mehr Energie als auf dem Land. Denn sobald die Menschen mehr Geld verdienen, kaufen sie sich z. B. Autos. In den Städten dieser Welt gehören Verkehrsstaus, Smog und hohe Luftverschmutzung durch CO_2 zum Alltag. Dabei können auch Städte umweltfreundlich sein. Wenn man bei der Planung den Schwerpunkt auf öffentliche Verkehrsmittel legen würde, müssten die wachsenden Städte keine

Bedrohung für unseren Planeten darstellen.

Natürlich gibt es keine Garantie dafür, dass sich das Bevölkerungswachstum tatsächlich verlangsamen wird. Das wird nur dann der Fall sein, wenn alle Regierungen weltweit die vier genannten Faktoren fördern. In manchen Ländern ist dies ein heikles Thema, denn es geht dabei um die Rechte von Frauen und um Familienplanung. Dennoch ist das einer der wenigen Punkte, über den sich die meisten politischen Verantwortlichen einig sind.

Wir müssen dafür sorgen, dass Mädchen überall auf der Welt zur Schule gehen können. Uns erscheint Bildung für Mädchen ebenso selbstverständlich wie für Jungen – doch in vielen Ländern gibt es immer noch zu wenig Schulen für Mädchen. Dazu kommt noch, dass dort viele Familien ihre Töchter nicht gerne in die Schule schicken, weil sie das für Geld- und Zeitverschwendung halten.

Es steht jedoch fest, dass sich eine gute Ausbildung von Mädchen auf viele Bereiche positiv auswirkt.

Schülerinnen beim Biologieunterricht in einem muslimischen Internat in Indonesien.

Aus Mädchen, die zur Schule gehen, werden gebildete Frauen, die ihrer Meinung Ausdruck verleihen und sich in Familie und Öffentlichkeit aktiv beteiligen.

Gut ausgebildete Mädchen heiraten oft später. Und sie entscheiden bewusst, wann sie Kinder haben wollen und wie viele. Sie kennen sich besser mit Kinderpflege und in Gesundheitsfragen aus, wodurch wiederum die Kindersterblichkeit sinkt.

Saudi Arabien wies z. B. eine der höchsten Bevölkerungswachstumsraten der Welt auf. Heute sind dort 55 % der Universitätsabsolventen Frauen, und die Bevölkerung wächst nicht mehr so schnell. Vor 30 Jahren hatte die Durchschnittsfamilie in Saudi Arabien 7,3 Kinder. Heute sind es 3,2.

Die weltweite Kommunikations-Revolution – mit Satellitenfernsehen, Internet und Mobiltelefon – scheint den Trend zu mehr weiblicher Bildung noch verstärkt zu haben. Die modernen Technologien ermöglichen es den Mädchen, sich gebildete und unabhängige Frauen zum Vorbild zu nehmen. Dies könnte sie dazu anregen, ihre eigene Ausbildung voranzutreiben.

UNSERE AUFGABE

Die Entwicklungsländer haben bereits mit gewaltigen Problemen zu kämpfen. Einige davon gehen auf das Bevölkerungswachstum zurück. Andere sind politischer Art, wie Bürgerkriege und andere Konflikte.

Zwar leisten die meisten Industrieländer den ärmeren Staaten bereits Entwicklungshilfe – aber wir können noch viel mehr tun. Wir müssen Wege finden, um weltweit nachhaltige wirtschaftliche Entwicklungen zu fördern. Außerdem müssen wir Bemühungen unterstützen, die dazu beitragen, das Bevölkerungswachstum zu verlangsamen, wie der Kampf um die Gleichberechtigung der Frauen und um Bildungsmöglichkeiten für Mädchen.

Wenn wir über die Weltbevölkerung sprechen, dürfen wir nicht vergessen, dass auch wir dazugehören. Wir alle sind betroffen und müssen gemeinsam versuchen, die Erde zu retten. Auf unserem Planeten ist Platz für alle – wenn wir sofort handeln.

12. Kapitel

Energie sparen und den Planeten retten

Die einfachste Strategie gegen den Klimawandel ist, weniger Energie zu verbrauchen.

Es gibt einen sehr einfachen Weg, die Luftverschmutzung zu verringern, die den Klimawandel auslöst. Und es ist ein Weg, den jeder Einzelne von uns gehen kann: Wir müssen einfach weniger Energie verbrauchen. Dadurch würden weniger Kohle und Öl verbrannt und weniger Kohlendioxid und andere Treibhausgase produziert werden. Neue Sonnen-, Wind- und Erdwärmekraftwerke zu bauen braucht Zeit. Doch unseren Energieverbrauch können wir schon heute verringern. Dafür müssen wir nicht einmal unseren Lebensstil verändern. Der Trick besteht einfach darin, Energie *effizienter* zu nutzen.

◀ Turbinen wandeln verschiedene Arten von Kraft wie Dampf oder Wind in elektrischen Strom um. Doch alte Turbinen-modelle vergeuden dabei viel Energie. Neue, effizientere Turbinen wie diese sorgen dafür, dass nichts verschwendet wird.

Effizienz bedeutet, dass mit weniger Energie dieselbe Wirkung erreicht wird.

Wenn ein Auto mit vier Litern Benzin 80 km weit fährt, ist es doppelt so effizient wie ein Auto, das mit vier Litern nur 40 km weit kommt.

Wir können in allen Bereichen unseres Alltags Energie einsparen: zu Hause, am Arbeitsplatz, beim Reisen und sogar bei der Planung unserer Städte. Effizienz kann zu einer unserer wirksamsten Waffen im Kampf gegen den Klimawandel werden.

ENERGIE SPAREN HEISST GELD SPAREN

Energiesparen funktioniert überall, in reichen wie in armen Ländern. Eine Studie belegt, dass die USA ihren Energiebedarf bis zum Jahr 2020 um 23 % zurückfahren könnten – allein durch die Steigerung der Energieeffizienz.

Energiesparen bringt noch einen weiteren Vorteil mit sich: Man spart gleichzeitig Geld. Wenn Firmen in aller Welt veraltete Maschinen durch neue ersetzen würden, könnten sie sowohl sehr viel Energie als auch sehr viel Geld sparen.

ENERGIEVERSCHWENDER AUTO

Autos sind sehr ineffiziente Verkehrsmittel, besonders dann, wenn sich darin nur eine Person befindet. Wenn im Motor Benzin verbrannt wird, geht die Energie größtenteils (circa 62 %) in Form von Wärme verloren. Weitere 17 % der Energie halten den Motor am Laufen, während das Auto steht. 12 % der Energie dienen dazu, das Gewicht des Autos zu bewegen, und weniger als ein Prozent wird genutzt, um den Passagier zu befördern.

62,4 %
VERLUST DURCH
DEN MOTOR

17,2 %
MOTORBETRIEB
IM STEHEN

0,6 %
BEFÖRDERUNG DES
PASSAGIERS

12 %
FORTBEWEGUNG
DES AUTOS

5,6 %
VERLUST BEI DER
KRAFTÜBERTRAGUNG

2,2 %
ZUSATZ-
AUSSTATTUNG

Neue Techniken der Stahlproduktion helfen, viel Energie zu sparen, den CO_2-Ausstoß zu verringern und die Produktionskosten um 20 % zu senken.

In den Fabriken sind weltweit Millionen von Elektromotoren im Einsatz. Sie treiben Fließbänder oder Bohrer an oder heben Gewichte. In den USA verbrauchen die Elektromotoren aller Fabriken zusammen 64 % des gesamten Stroms. Das ist eine ganze Menge Energie.

Die meisten dieser Motoren sind alt. Würde man sie durch neue, effizientere Modelle ersetzen, könnte man sehr viel Energie einsparen. Ein neuer Motor verbraucht im Schnitt nur halb so viel Energie wie ein alter. Durch einen Austausch ließen sich die Stromkosten um die Hälfte reduzieren. Diese Einsparung würde die Ausgabe für die neuen Motoren in nur einem Jahr wieder ausgleichen.

Doch die Motoren sind nur der Anfang. In jedem Industriezweig könnten gewaltige Einsparungen vorgenommen werden, wie z. B. in Stahlwerken. Die Stahlproduktion erfolgt meistens in zwei Schritten. Im ersten Schritt im Hochofen werden Rohstoffe wie Eisenerz eingeschmolzen, um Stahl zu erhalten. Nachdem der Stahl abgekühlt ist, wird er ein zweites Mal eingeschmolzen und zu Stahlträgern oder anderen Gegenständen geformt. Bei jedem Arbeitsschritt müssen bis zu 1600 °C an Wärme erzeugt werden. Das verbraucht eine Menge Energie!

Eine neue Methode der Stahlerzeugung besteht aus einem einzigen Schritt. Dadurch wird ungeheuer viel Energie eingespart. Und auch die Herstellungskosten sinken um 20 %. Außerdem ist der auf diese Weise produzierte Stahl sowohl leichter als auch stabiler.

Diese Grafik zeigt, dass einige Glühbirnen effizienter sind als andere. LM/W steht für Lumen pro Watt. Ein Lumen ist eine Einheit des Lichtstroms. Je mehr Lumen pro Watt eine Lampe abgibt, desto effizienter ist sie.

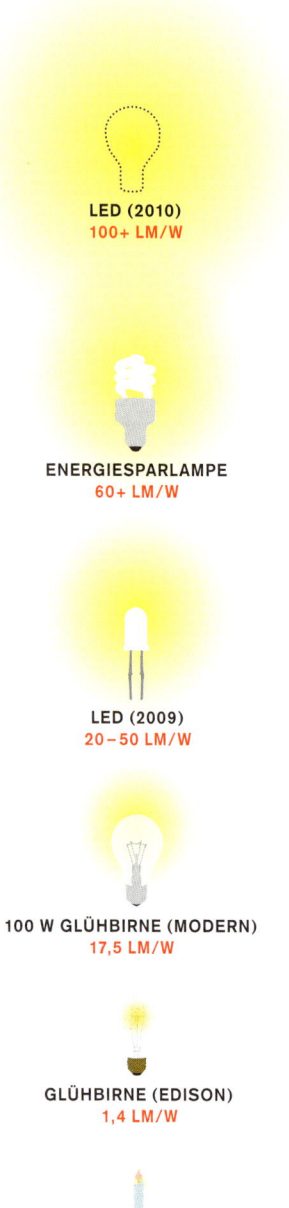

LED (2010)
100+ LM/W

ENERGIESPARLAMPE
60+ LM/W

LED (2009)
20–50 LM/W

100 W GLÜHBIRNE (MODERN)
17,5 LM/W

GLÜHBIRNE (EDISON)
1,4 LM/W

KERZE
0,3 LM/W

LICHT STATT WÄRME

Am 4. September 1882 um genau drei Uhr nachmittags betätigte Thomas Edison in Manhattan einen Schalter – und in New Yorker Gebäuden ging das Licht an. Die neuen Glühlampen waren ein großer Erfolg. Nicht nur, dass den Leuten das elektrische Licht besser gefiel als die alten Gaslampen: Die neuen Glühlampen strahlten auch weniger Wärme ab.

Allerdings waren auch diese Glühbirnen nicht sehr effizient. Sie wandeln eine Form von Energie (Elektrizität) in eine andere um (Licht). Doch wenn der elektrische Strom durch die Glühlampe fließt, wird ein Teil davon zu Wärme. Deswegen leuchtet die Lampe aber trotzdem nicht heller, sodass dieser Teil der Energie verschwendet wird. Eine effizientere Lampe wandelt mehr Strom in Licht um und weniger in Wärme. Man erhält also mit weniger Strom genauso viel Licht.

Moderne Glühbirnen sind zehnmal effizienter als die Edisons. Und die neuen Energiesparlampen sind viermal effizienter als Glühbirnen und halten auch viermal länger.

Noch moderner sind Leuchtdioden (LEDs). Sie funktionieren nach demselben Prinzip wie viele Digitaluhren. Schon jetzt sind sie effizienter als Energiesparlampen und sie können sogar noch verbessert werden. Als Lampen für den Haushalt sollen sie ab 2010 erhältlich sein.

14 % des in den USA erzeugten Stroms werden für die Beleuchtung genutzt. Ein Umstieg auf neuere, effizientere Lampen könnte eine enorme Energieersparnis zur Folge haben. Glühbirnen auszuwechseln mag wie eine Kleinigkeit erscheinen, doch diese Kleinigkeit kann im Kampf gegen den Klimawandel eine große Wirkung haben. Jeder kann seinen Beitrag dazu leisten, indem er sich für das Auswechseln von Glühbirnen einsetzt – zu Hause, im Büro und auch in der Schule.

Es gäbe noch viele weitere Beispiele dafür, wie die Industrie ihren Energieverbrauch verringern und dabei sehr, sehr viel sparen kann – man müsste nur endlich damit anfangen.

RECYCLING
SPART ENERGIE

Recycling, die Wiederverwertung von Abfall, hilft nicht nur, die Müllberge kleiner zu halten, sondern spart auch große Mengen an Energie ein. Aluminium etwa wird aus Bauxit, einem Erz, hergestellt. Man braucht sehr viel Energie, um dieses Erz in Dosen und andere Gegenstände zu verwandeln. Produziert man Aluminium stattdessen aus Recyclingmaterial, kann man den Energieverbrauch um 95 % senken.

Allein in den USA wird die Hälfte der verkauften Getränkedosen einfach weggeworfen. Das sind 50 *Milliarden* Dosen pro Jahr. Im Laufe von zehn Jahren wird so viel Aluminium weggeworfen, dass man daraus die gesamte zivile Luftflotte der Welt nachbauen könnte – und zwar 25 Mal. Wie viel Energie könnte man sparen, wenn dieses Aluminium recycelt würde!

Dazu kommen noch jedes Jahr 29 Milliarden Glasflaschen und 56 Milliarden Plastikflaschen. Durch das Recyceln all dieser Behälter aus Aluminium, Glas und Plastik könnte man eine Menge an Energie sparen, die dem jährlichen Benzinverbrauch von zwei Millionen Autos entspricht!

Das Papier nicht zu vergessen. Durch die Wiederverwertung von Papier ließe sich

Ballen von Metall warten in Seattle darauf, recycelt zu werden. Das Recyceln von Metall verbraucht 95 % weniger Energie als die Produktion von neuem Metall aus Erz.

ENTSCHEIDENDE FÜHRUNGSSTÄRKE

Wie viele Vorteile das Energiesparen bringt, wurde immer wieder bewiesen. Aber warum haben dann noch nicht alle Firmen damit begonnen? Manchmal muss es einfach eine Person geben, die die richtige Entscheidung trifft.

Bei Frito-Lay, einem Unternehmen der Pepsi-Gruppe, ist Al Carey derjenige, der diese Entscheidung traf. Carey hat sich zum Ziel gesetzt, den CO_2-Ausstoß zu verringern. Das Unternehmen plant, seine Treibhausgas-Produktion bis 2017 um 50 % zu senken. Es ließ eine Solarkraftanlage installieren, die seine Fabrik in Arizona mit Strom versorgt. Vier andere Fabriken sind in ein »Kein-Müll«-Programm eingebunden und recyceln 99 % ihrer Abfälle.

Bisher konnte Frito-Lay seinen CO_2-Ausstoß um 50 000 Tonnen verringern. Und seit Versandkartons mehrfach genutzt werden, ging der Kartonverbrauch um 120 000 Tonnen pro Jahr zurück.

nicht nur viel Energie sparen, sondern es müssten auch weniger Bäume gefällt werden.

Beim Recycling kann jeder mithelfen. Doch Mülltrennung allein reicht nicht aus. Recycling bedeutet auch, dass man Produkte aus Recyclingmaterialen kauft. Das ist etwas, das jeder tun kann.

KEINE WÄRME VERSCHWENDEN

Jede Form von Energie kann recycelt werden – besonders Wärme. In manchen Industriezweigen wird viel Wärme verbraucht, etwa bei der Herstellung von Lebensmitteln oder von Papier. Dabei gehen aber auch große Mengen an Wärme verloren.

Recycelte Wärme kann durch ein »Kraft-Wärme-Kopplung« genanntes Verfahren genutzt werden. Die Menge an Wärme, die im Laufe eines Jahres in den Fabriken der USA verloren geht, entspricht 40 % der von den Kohlekraftwerken der USA erzeugten Energie. Könnte man diese Wärme auffangen, würde sich das auf den CO_2-Ausstoß so auswirken, als würden in den USA nur noch halb so viel Autos fahren.

◀ Frito-Lay-Chef Al Carey und Kaliforniens Gouverneur Arnold Schwarzenegger bei einer Besichtigung des mit Solaranlagen ausgerüsteten Fabrikgeländes in Modesto, Kalifornien

KRAFT-WÄRME-KOPPLUNG

Mit Gas oder Kohle betriebene Stromgeneratoren erzeugen sehr viel Wärme. Kraft-Wärme-Kopplungsanlagen fangen einen Teil der Wärme auf, die sonst verloren gehen würde. Aus benachbarten Gebäuden wird kalte Luft in die Anlagen hineingeleitet und aufgewärmt zurückgeschickt. Die aufgefangene Wärme kann auch dazu verwendet werden, einen zweiten Generator anzutreiben und mehr Strom zu produzieren.

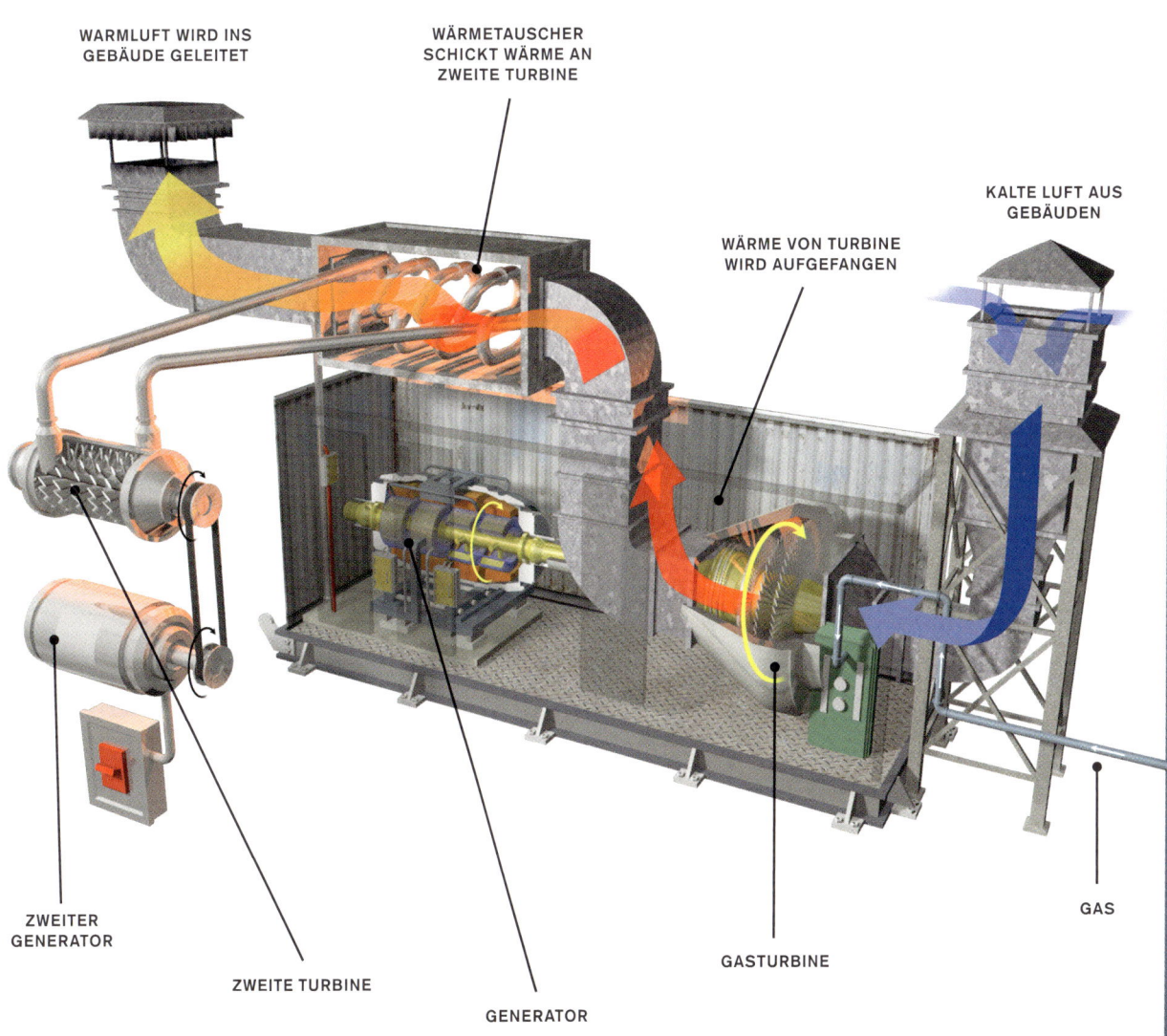

WARMLUFT WIRD INS
GEBÄUDE GELEITET

WÄRMETAUSCHER
SCHICKT WÄRME AN
ZWEITE TURBINE

WÄRME VON TURBINE
WIRD AUFGEFANGEN

KALTE LUFT AUS
GEBÄUDEN

ZWEITER
GENERATOR

ZWEITE TURBINE

GENERATOR

GASTURBINE

GAS

Mit der aufgefangenen Wärme lassen sich auch Wohngebäude und Büros beheizen. Durch die Kraft-Wärme-Kopplung wird heißes Wasser aus einer Fabrik in benachbarte Häuser gepumpt. In der finnischen Hauptstadt Helsinki werden 92 % der Gebäude mittels Wasser beheizt, das in Fabriken erhitzt wurde. Mit dieser Wärme erzeugt die Stadt auch elektrischen Strom, und zwar so viel, dass sie einen Teil davon ins Ausland verkaufen kann.

EFFIZIENTE ISOLIERUNG

Beim Beheizen von Gebäuden sollte man keine Energie verschwenden. Wann immer wir Energie sparen können, sparen wir Kosten und tun etwas gegen die Erderwärmung.

Derzeit entstehen 30 bis 40 % des CO_2-Ausstoßes bei der Produktion von Heizwärme, die in den Gebäuden verloren geht. All dieser Kohlenstoff wird an die Luft abgegeben, weil Energie erzeugt wird, *die wir gar nicht nutzen.*

Die Lösung ist einfach: Wir müssen alle, wirklich *alle* Gebäude gut isolieren.

Isoliermaterial wird an den Wänden und Dächern angebracht und sorgt dafür, dass die Wärme drinnen bleibt – und die Hitze im Sommer draußen.

Damit schon beim Bau die besten und effizientesten Isoliermaterialien verwendet werden, müssten die Bauvorschriften geändert werden. Sie schreiben vor, in welchem Maße neue Gebäude isoliert werden müssen. Und Hausbesitzer, die alte Gebäude neu isolieren wollen, sollten dafür günstige Kredite erhalten. Derartige Renovierungen lohnen sich, weil dadurch Heizkosten eingespart werden.

Aber auch viele alte Heizungen vergeuden Energie. Sie sollten umgerüstet oder durch neue Modelle ersetzt werden. Energieeffiziente Bürogeräte wie Computer, Kopierer

Der *Energy Star* zeichnet energieeffiziente Geräte aus. Er hilft, Energie und Geld zu sparen.

Die weißen und roten Flächen auf diesem Foto einer Wärmebildkamera zeigen an, wo Wärme verloren geht. Die größten Wärmeverluste treten oft an Dach und Fensterrahmen auf.

WARM

KALT

und Drucker werden in Europa mit dem *Energy Star* ausgezeichnet. In den USA wird dieser nicht nur allen Arten von strombetriebenen Geräten, sondern auch Häusern und Autos verliehen, sofern sie Elektrizität wirtschaftlich nutzen.

Aber nicht nur Fabriken und Haushalte, auch unsere Städte sollten energieeffizienter werden. Städte, in denen man zu Fuß, mit dem Fahrrad oder auch mit öffentlichen Verkehrsmitteln gut vorankommt, sind energieeffizient.

Wir müssen unsere Städte als Energiesysteme betrachten.

Wenn wir entdecken, wo sie Energie verschwenden, können wir Abhilfe schaffen und gleichzeitig Geld sparen und die Umwelt schützen.

EINE MILLION LÖSUNGEN

Um Energie zu sparen, gibt es nicht die eine, sensationelle Lösung. Stattdessen gibt es Millionen von Lösungen. Überall,

IST DER FERNSEHER WIRKLICH AUS?

Spart man Strom, wenn man den Fernseher ausschaltet? Nicht so viel, wie man vielleicht glauben möchte. Denn wenn man auf *Off* drückt, schalten sich die meisten TV- und Hifi-Anlagen, DVD-Player und andere elektronischen Geräte nicht richtig aus, sondern gehen auf *Stand-by.* Und das heißt: Überall dort, wo ein Licht blinkt oder eine Digitaluhr läuft, wird Strom verbraucht.

Auch wenn man seinen Computer in den »Schlafmodus« versetzt, verbraucht er weiterhin Strom. Viele Leute lassen ihren Computer die ganze Nacht über »schlummern«, nur weil sie am nächsten Morgen nicht mehrere Sekunden lang warten wollen, bis er sich wieder hochgefahren hat. Drucker verbrauchen ebenfalls Strom, solange sie eingeschaltet sind, selbst wenn sie gar nichts drucken.

Insgesamt ist das eine riesige Energieverschwendung. So verbrauchen allein die in den USA auf Stand-by stehenden Fernsehgeräte die Energie eines ganzen Kraftwerkes. Am schlimmsten sind

die DVD-Festplatten-Rekorder, die heute viele Leute besitzen. Auch im Off-Modus kann solch ein Rekorder 50 Watt verbrauchen. So viel, als ließe man den ganzen Tag über eine Glühbirne brennen.

Der Stand-by-Modus macht die Geräte zwar benutzerfreundlich – aber notwendig ist er nicht. Die Elektronikfirmen sollten ihre Produkte lieber so verändern, dass sie weniger Strom verbrauchen – besonders dann, wenn man sie gar nicht benutzt. Und dass sie auch wirklich »aus« sind, wenn man auf *Off* drückt.

In Jakarta in Indonesien gibt es eigene Spuren für Busse. So können die Nutzer öffentlicher Verkehrsmittel die Autofahrer überholen.

wohin man auch blickt, lassen sich jede Menge Energiesparmöglichkeiten entdecken. Wir müssen uns einfach nur angewöhnen, danach Ausschau zu halten. Und sobald die Menschen begriffen haben, dass Energiesparen zugleich Geld spart, werden sie ständig nach weiteren Lösungen suchen.

Und das Tolle am Energiesparen ist auch, dass jeder es tun kann. Große Unternehmen können ebenso Energie sparen wie Privatleute. Egal ob Jung oder Alt, jeder kann Glühbirnen auswechseln, Müll trennen und den Computer ganz abschalten, statt ihn auf Stand-by-Modus zu stellen.

Wir können sofort mit dem Energiesparen anfangen. Und dabei sparen wir auch noch Geld. Das ist der beste Weg, um unseren Planeten zu retten.

13. Kapitel

Ein »schlaues Netz« für den Strom

Wir benötigen ein neues System, um elektrischen Strom zu befördern und zu speichern – ein System, das auf erneuerbare Energiequellen abgestimmt ist.

Für gewöhnlich denken wir nicht viel über Strom nach, denn er wandert über die Stromleitungen zu uns nach Hause. Aber wie kommt er eigentlich in die Leitungen?

Die Stromleitungen, die zwischen hohen Masten verlaufen – die manchmal noch neben Autobahnen zu sehen sind –, sind Teil eines riesigen Versorgungsnetzes. Es besteht unter anderem aus Starkstrom-leitungen, Umspannwerken und den dünneren Leitungen, die den Strom zu den Verbrauchern bringen.

Das Stromversorgungsnetz der USA entstand im Laufe des 20. Jahrhunderts. Als es neu war, galt es als Wunder der Technik. Inzwischen aber ist es überaltert und verschwendet Strom. Außerdem ist es nicht für den Umgang mit Energie aus Sonnenwärme, Windkraft oder Erd-wärme angelegt.

◀ Ein Techniker inmitten eines Gewirrs von Stromkabeln in Shanghai, China. Wir brauchen ein neues System für die Verteilung von elektrischem Strom.

Für die Stromversorgung durch erneuerbare Energien brauchen wir ein neues Stromnetz – auf dem Stand der Technik des 21. Jahrhunderts.

Wir brauchen ein »schlaueres« Netz, das den neuesten Stand der Computertechnologie nutzt. Es zu bauen, ist eine der Herausforderungen, denen wir uns stellen müssen, um den Klimawandel zu stoppen.

ENERGIE LIEFERN

In den 1950er-Jahren beschloss die US-Regierung, ein landesweites Netz von Autobahnen (*Highways*) zu bauen: das *Interstate Highway System.* Später, in den 1980er- und 1990er-Jahren entstand ein weltweiter Datenhighway: das Internet. Und was wir heute brauchen, ist ein superschneller Highway für elektrischen Strom.

Das derzeitige Stromversorgungsnetz der USA wurde um große Kraftwerke herum gebaut, die rund um die Uhr elektrischen

Im Büro des Energieministeriums in den Rocky Mountains verteilen Disponenten Strom aus Wasserkraftwerken unter den westlichen Staaten der USA.

Strom erzeugen. Doch Sonnen- und Windkraftwerke produzieren nicht ständig und gleichmäßig Strom. Das stellt die Ingenieure, die das Versorgungsnetz betreuen, vor große Probleme. Denn ein Windkraftwerk kann zwar große Mengen an Strom erzeugen – aber nur wenn der Wind weht. Doch nicht nur die Quellen erneuerbarer Energien können unzuverlässig sein. Das bestehende Netz hat in Zeiten des Spitzenbedarfs an Energie oft Schwierigkeiten, die Nachfrage zu befriedigen. Denn in amerikanischen Städten verbrauchen z. B. Klimaanlagen an heißen Sommertagen Unmengen an Strom.

Manche Teile des derzeitigen Stromversorgungsnetzes sind 100 Jahre alt. Bei Überlastung bricht das System oft zusammen und es kommt zu Stromknappheit und Stromausfällen oder sogar zur Überspannung. Diese Probleme mit der Stromversorgung können für Unternehmen Verdienstausfälle in Milliardenhöhe nach sich ziehen.

Überspannung entsteht, wenn die normale Menge an Volt in der Leitung überschritten wird. Dadurch können Computer und andere Geräte beschädigt werden. Experten zufolge führen die derzeitigen Prob-

Der bisher größte Stromausfall in der Geschichte Nordamerikas im August 2003 betraf über 50 Millionen Menschen, darunter ganz New York.

leme mit dem amerikanischen Stromnetz zu Mehrkosten von über 200 Milliarden Dollar pro Jahr.

Ein Netz auf dem neuesten Stand der Technik könnte die Unregelmäßigkeiten in der Stromversorgung ausgleichen, die durch die Erzeugung von Strom aus Sonnen- und Windkraft entstehen. Es würde den Bedarf zu Spitzenzeiten decken und je nachdem, welche Kraftwerke gerade arbeiten, den Strom von einer Region in die andere verschieben.

NEUE STROMLEITUNGEN

Viele Anlagen zur Gewinnung von Strom aus Sonnen- oder Windenergie liegen weit weg von bestehenden Hochspannungsleitungen und müssen erst über neue Leitungen mit ihnen verbunden werden.

Die Stärke des elektrischen Stroms lässt sich unter anderem in Volt messen. (Volt kann man sich wie den Druck von Strom vorstellen, so ähnlich wie Wasserdruck in einem Rohr.) Der Strom, der in den USA in die Haushalte geleitet wird, weist eine Spannung von 110 V auf. Doch in Hochspannungsleitungen werden bis zu 750 000 Volt erreicht! Diese hohe Spannung ermöglicht es, den Strom über große Entfernungen hinweg zu leiten.

Dank der modernen Technologie können wir Stromleitungen bauen, die sogar noch stärkere Ladungen transportieren: Strom mit einer Spannung von über 760 Kilovolt. (Ein Kilovolt entspricht 1000 Volt.) Bei der Reise des Stroms durch die Leitungen geht immer etwas verloren. Doch die neuen Hochspannungsleitungen sind viel effektiver als die alten. Wenn die alten ersetzt werden, spart das nicht nur Strom, sondern auch sehr viel Geld.

SCHLAU WERDEN

Das neue Netz wird effizienter sein, weil es sich die Computertechnologie zunutze macht. Deshalb nennt man es im Englischen auch *Smart Grid,* »schlaues Netz«. Die Software dieses Versorgungssystems wird Probleme aufspüren können, bevor es zu Stromausfällen kommt. Sie wird anzeigen, wo Reparaturen notwendig sind, und den elektrischen Strom so leiten, dass nichts verloren geht.

Durch ein »schlaues Netz« können die Versorgungsgesellschaften in Zukunft für den Stromverbrauch je nach Tageszeit unterschiedliche Preise berechnen. Das wiederum hilft, Spitzenzeiten des Verbrauchs zu vermeiden. So ist es den Energieversorgern z. B. lieber, wenn die Leute ihre Waschmaschinen nachts laufen lassen, wenn weniger Nachfrage nach Strom besteht. Deshalb bieten sie z. B. in Deutschland bereits verbilligten Nachtstrom an.

Mit einem solchen intelligenten Netz können die Menschen aber nicht nur selbst entscheiden, wann sie zu welchem Preis Strom verbrauchen. Sie werden in Zukunft auch festlegen können, wie viel sie insgesamt jeden Monat verbrauchen wollen. Die Stromrechnung würde dann ein bisschen wie eine Telefonrechnung aussehen. Und der Verbraucher kann dann zwischen verschiedenen Stromangeboten wählen – so wie wir heute schon zwischen verschiedenen Telefonanbietern wählen können.

STROM SPEICHERN

Eine der wichtigsten Neuerungen eines »schlauen Netzes« wäre die Möglichkeit, große Mengen an elektrischem Strom zu speichern. Denn wenn durch Sonne, die nicht immer scheint, und Wind, der nicht immer weht, gerade keine Energie produziert werden kann, ließe sich dann der Strom aus dem Speicher nutzen.

Das Speichern von Strom würde es auch leichter machen, den Bedarf zu Spitzenzeiten zu decken – z. B. wenn in den USA an sehr heißen Tagen alle Klimaanlagen auf Hochtouren laufen. Das sind zwar nur ein paar Tage im Jahr, doch die Energieversorger lassen ihre Gas- und Kohlegenera-

KALTER SPEICHER

Buchstäblich »voll cool« ist die Methode, Energie mithilfe von Eis zu speichern. Ein spezielles Speichersystem erzeugt im Hochhaus der Bank of America in New York jede Nacht über eine Viertelmillion Kilogramm Eis. Das Eis kühlt tagsüber das Gebäude. Das kommt nicht nur billiger, als eine Klimaanlage laufen zu lassen, sondern ermöglicht auch, Strom außerhalb der Spitzenzeiten zu nutzen. Durch den Nachttarif ist der Strom außerdem billiger.

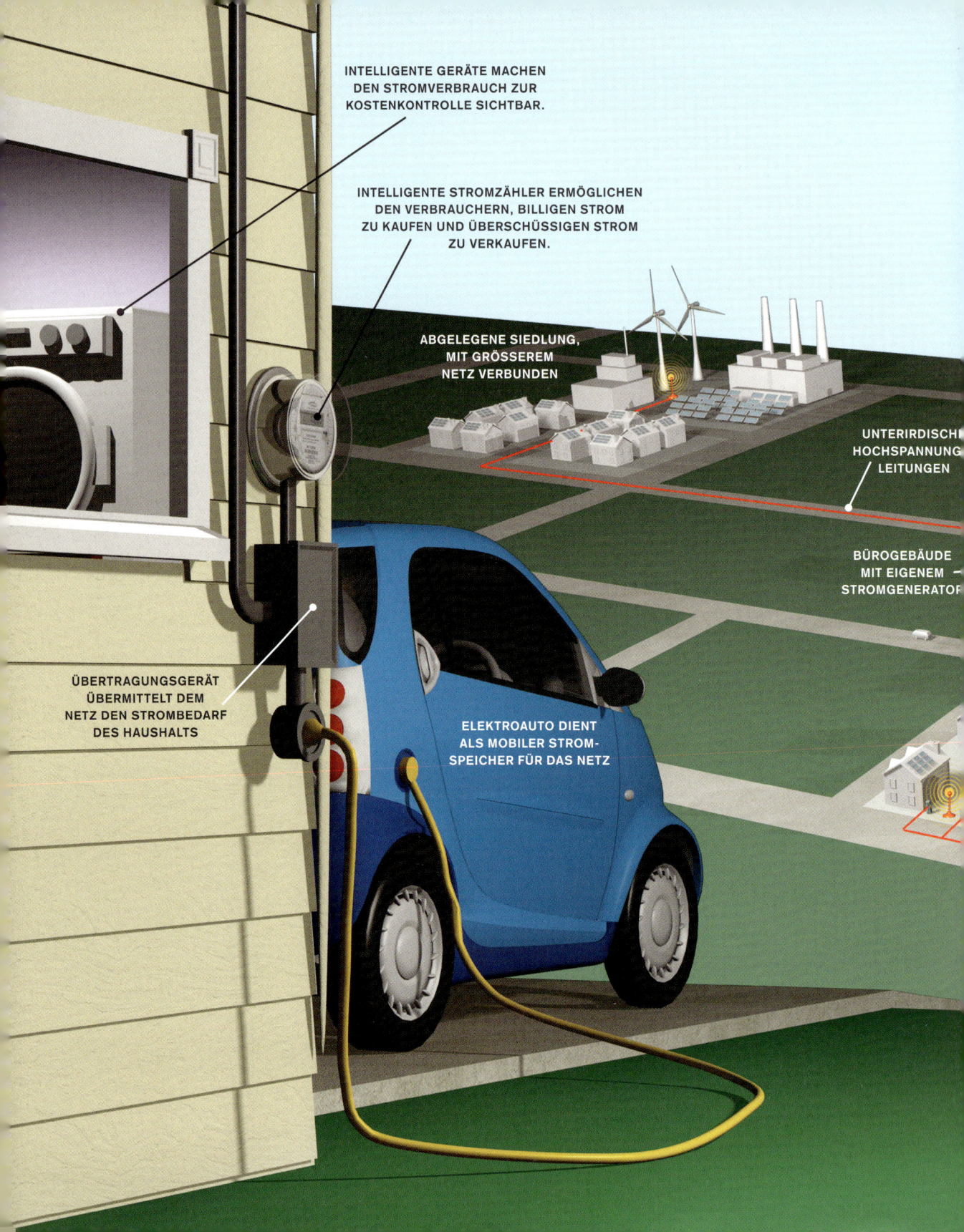

INTELLIGENTE GERÄTE MACHEN
DEN STROMVERBRAUCH ZUR
KOSTENKONTROLLE SICHTBAR.

INTELLIGENTE STROMZÄHLER ERMÖGLICHEN
DEN VERBRAUCHERN, BILLIGEN STROM
ZU KAUFEN UND ÜBERSCHÜSSIGEN STROM
ZU VERKAUFEN.

ABGELEGENE SIEDLUNG,
MIT GRÖSSEREM
NETZ VERBUNDEN

UNTERIRDISCHE
HOCHSPANNUNGS
LEITUNGEN

BÜROGEBÄUDE
MIT EIGENEM
STROMGENERATOR

ÜBERTRAGUNGSGERÄT
ÜBERMITTELT DEM
NETZ DEN STROMBEDARF
DES HAUSHALTS

ELEKTROAUTO DIENT
ALS MOBILER STROM-
SPEICHER FÜR DAS NETZ

SO ARBEITET EIN »SCHLAUES NETZ«

Durch ein computergesteuertes, intelligentes Stromnetz kann Energie noch effizienter eingesetzt werden. In einem solchen Netz wird Energie aus verschiedensten Quellen verwaltet und weitergeleitet – gleichgültig ob sie mithilfe von Sonne, Wind oder Erdwärme erzeugt wurde. Computer helfen dem System, sich an den unterschiedlichen Bedarf zu verschiedenen Tageszeiten anzupassen und Stromausfälle zu verhindern. Die Verbraucher können selbst Strom erzeugen, Strom dann kaufen, wenn er billiger ist, und überschüssigen Strom wieder ans Netz verkaufen.

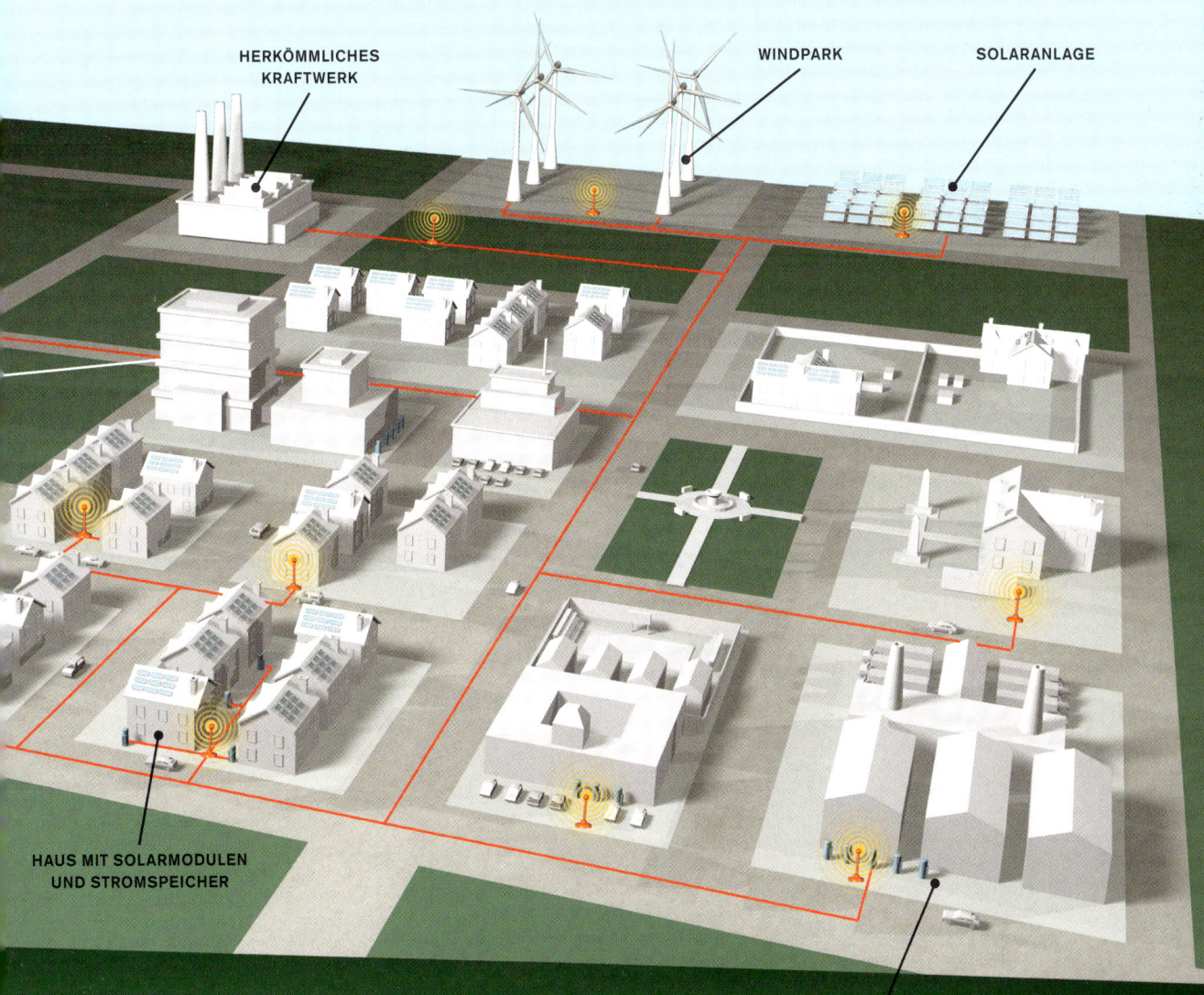

HERKÖMMLICHES
KRAFTWERK

WINDPARK

SOLARANLAGE

HAUS MIT SOLARMODULEN
UND STROMSPEICHER

BATTERIESPEICHER ERMÖGLICHEN
DEN VERBRAUCHERN, BILLIGEN
STROM ZUM SPÄTEREN GEBRAUCH
ZU KAUFEN.

toren für solche Fälle ständig auf Stand-by laufen. Man kann einen Generator nämlich nicht einfach nur einschalten und gleich Strom erhalten: Er muss sich erst warm laufen. Doch diese auf Stand-by laufenden Generatoren verbrennen fossile Brennstoffe und geben CO_2 ab – egal ob sie gebraucht werden oder nicht.

Wenn wir diese zusätzlichen Kraftwerke durch Stromspeicher ersetzen, vermeiden wir den Ausstoß großer Mengen an CO_2 und sparen auch noch Geld.

Neuartige Batterien könnten bei der Lösung dieses Problems helfen. Dabei handelt es sich nicht um jene Art von Batterien, die man in eine Taschenlampe steckt, sondern um sehr große, die Megawatt Strom speichern können. (Ein mittelgroßes Kohlekraftwerk erzeugt ungefähr 600 Megawatt Strom.) Firmen in aller Welt wetteifern darum, größere, billigere und effizientere Batterien zu entwickeln.

Ein japanisches Unternehmen verkauft mittlerweile z. B. einen Natrium-Schwefel-Akku, der so groß wie ein Zimmer ist und sechs Stunden lang ein Megawatt Strom zur Verfügung stellen kann. Sechs dieser Akkus können also gemeinsam sechs Megawatt Strom liefern. Versorgungsgesellschaften setzen sie in den Stunden des Spitzenverbrauchs ein. Die Akkus sind sehr teuer, aber ihre Verwendung ist immer noch billiger, als zusätzliche Generatoren zu betreiben.

Leider kann die Herstellerfirma nur einige wenige dieser Akkus pro Jahr liefern. Doch in Kürze werden auch andere Firmen so weit sein und bald einen ähnlichen Akku anbieten. Und die Konkurrenz zwischen den Firmen sowie weitere Forschungen werden dazu führen, dass diese Akkus in Zukunft auch weniger kosten.

AUTOS ALS ENERGIESPEICHER

Als wirksames Mittel gegen die Erderwärmung sollten Hunderte von Millionen benzinbetriebener Autos gegen Elektroautos ausgetauscht werden. Das wird den CO_2-Ausstoß senken, vorausgesetzt der benötigte Strom wird nicht mithilfe fossiler Brennstoffe erzeugt. Elektroautos brauchen allerdings Batterien, die stark, sicher und klein genug sind, um die Autos anzutreiben. Die Autohersteller arbeiten bereits an deren Entwicklung.

Dieser elektrische Tesla-Sportwagen fährt mit aufgeladener Batterie über 320 km weit. Seine Batterie kann auch als Elektrizitätsspeicher im Rahmen eines Stromnetzes dienen.

Der erste Ansatz war, Lithium-Ionen-Batterien diesen Anforderungen anzupassen. Dieser Typ von Batterien speist heute Digitalkameras und Handys. Nissan, General Motors und ein weiteres, Tesla genanntes amerikanisches Unternehmen bauen Autos mit Lithium-Ionen-Batterien.

Und wenn es eines Tages Millionen von Elektroautos gibt, können wiederum deren Millionen Batterien als riesiger Energiespeicher dienen.

Es sollte auch möglich sein, Haushalte über Batterien zu versorgen. Eine Idee besteht darin, Blocks von vier bis fünf Häusern mit einer großen Gruppe von Batterien auszustatten. Die Batterien könn-ten sich in Zeiten geringen Strombedarfs oder bei der Stromerzeugung durch Sonne und Wind aufladen und diesen Strom dann zu anderen Zeiten abgeben. Ein Vorteil bestünde darin, dass die Haushalte im Falle von Stromausfällen unabhängiger vom Netz wären. Außerdem würde es einfacher werden, die von lokalen Solarmodulen oder Windturbinen erzeugte Elektrizität zu speichern.

SELBST ERZEUGTER STROM

Vor zwanzig Jahren ahnten nur wenige, wie sehr Computer, Handy und Internet die Art und Weise verändern würden, auf die wir uns Informationen beschaffen und sie

DAS EUROPÄISCH-NORDAFRIKANISCHE SUPERNETZ

Ein geplantes Supernetz soll Europa mit Nordafrika verbinden. Es würde in Afrika und dem Nahen Osten erneuerbare Energien produzieren und sie im gesamten vernetzten Gebiet verkaufen.

SONNE (SWK)

SONNE (PV)

WIND

WASSER

BIOMASSE

ERDWÄRME

nutzen. Auch das *Smart Grid,* das intelligente Stromnetz, wird das Leben verändern, indem es unseren Umgang mit Energie verändert. Anstatt von wenigen großen Kraftwerken werden wir den Strom aus vielen verschiedenen Quellen beziehen. Einige dieser Quellen könnten sogar in unserem Garten stehen.

Durch intelligente Stromversorgung werden Energieverbraucher zu Energieproduzenten. Solarmodule auf dem Dach erzeugen z. B. Strom, wann immer die Sonne scheint. Verbesserte Batterien werden einen Teil dieses Stroms für die Nacht speichern. Das »schlaue Netz« wird es ermöglichen, überschüssigen Strom an die Energieanbieter zu verkaufen.

Bisher ist die Anzahl der privaten Solarmodule gering, doch in vielen Gegenden verdoppelt sie sich jedes Jahr. In manchen Regionen wächst auch die Nachfrage nach kleinen Windturbinen. Nach Ansicht einiger Experten wird in zehn Jahren die Hälfte aller Haushalte in den USA einen Teil ihres Strombedarfs selbst erzeugen.

EIN SUPERNETZ

Die USA verfügen bereits über die technischen Voraussetzungen, um ein *Smart Grid* zu bauen, und haben bereits die ersten Schritte dazu unternommen. Die Entwicklung eines neuen Stromversorgungsnetzes wird vom derzeitigen Präsidenten Barack Obama im Rahmen seines Programms zur Förderung der Wirtschaft angestrebt.

Aber andere Länder sind schon weiter. China hat bereits mit dem Bau eines landesweiten »schlauen Netzes« begonnen, das 2020 fertig sein soll. Ein Supernetz, das sich über Europa, Nordafrika und den Nahen Osten erstreckt, ist in Planung. Es würde die Städte Europas mit Sonnen- und Windkraftwerken in diesen Regionen verbinden.

Die USA müssen ein neues Stromversorgungsnetz bauen. Allein der Wechsel zu einem »schlauen Netz« könnte so viel Energie sparen, dass wir unseren CO_2-Ausstoß um Millionen von Tonnen im Jahr verringern. Noch wichtiger aber ist, dass wir dadurch all die erneuerbaren Energien nutzen können, die uns ermöglichen, den Klimawandel zu stoppen. Der Superhighway für den Strom kann sofort gebaut werden – wenn wir uns dafür entscheiden.

14. Kapitel

Anders denken – anders leben

Bevor die Menschen etwas gegen die Klimakrise unternehmen, müssen sie einsehen, dass sie bereits jetzt eine unmittelbare Gefahr darstellt.

Die meisten haben inzwischen begriffen, dass die Erderwärmung tatsächlich stattfindet und durch menschliches Handeln verursacht wird. Wissenschaftler haben bewiesen, dass das Leben auf unserem Planeten in Gefahr ist. Dennoch ist es immer noch schwer, die Menschen dazu zu bringen, die richtigen Entscheidungen zu treffen.

Warum ist das so? Warum unternehmen die Leute nichts gegen den Klimawandel, obwohl sie mit den Tatsachen vertraut sind? Das liegt daran, dass Menschen auf bestimmte Gefahren eher reagieren als auf andere.

◀ Ein Müllberg in der Tundra bei Ilulissat, einer Stadt auf Grönland

Der Mensch kann gut auf Gefahren reagieren, denen er sich unmittelbar gegenübersieht. Aber es fällt ihm wesentlich schwerer, mit Bedrohungen umzugehen, die zeitlich oder räumlich entfernt scheinen.

Weil wir die Erderwärmung nicht direkt vor Augen haben, sehen wir sie nicht als Gefahr an. Und handeln nicht.

Um den Klimawandel zu stoppen, müssen wir den Menschen verständlich machen, dass bereits jetzt Gefahr besteht.

GEFAHR IN VERZUG

Unser Nervensystem hat sich im Laufe von Jahrtausenden zu dem Zweck entwickelt, unser Überleben zu sichern. Es reagiert ausgezeichnet auf unmittelbare Gefahren wie angreifende Nashörner oder tödliche Schlangen. Wenn wir ein brennendes Haus sehen oder ein Auto, das auf uns zukommt, gerät unser Nervensystem sofort in Alarmzustand. Es hat auch gelernt, auf moderne Gefahren zu reagieren, wie auf den Verlust der Arbeit und drohende Armut. Sobald wir begriffen haben, dass eine unmittelbare Gefahr besteht, handeln wir. Wir handeln, ohne zuvor darüber nachdenken zu müssen.

Aber bisher erschien die Klimakrise den meisten weit weg. Weltweit steigen zwar die Temperaturen, doch die Unterschiede zu früher sind so gering, dass viele von uns sie nicht wahrnehmen. Grafiken mit steigenden Temperaturkurven anzusehen, lässt uns die Gefahr nicht unmittelbar spüren.

Die antarktische Polkappe schmilzt bereits jetzt. Aber sie ist weit weg. Wir sehen sie nicht jeden Tag. Und das Foto eines schmelzenden Gletschers kommt uns nicht gefährlich vor.

Obwohl sich die Erderwärmung schon spürbar auswirkt, werden die ärgsten Probleme erst in der Zukunft auftreten. Es besteht kein Zweifel daran, dass die Menschheit eines Tages handeln wird. Doch dann werden die durch den Klimawandel verursachten Schäden nicht mehr zu übersehen sein. Und es wird zu spät sein, um ihn noch zu stoppen. Deshalb müssen wir die Menschen dazu bringen, jetzt zu handeln.

SPÜRBARE FOLGEN

Wenn sich die Klimakrise verschlimmert, werden die Menschen deren Folgen in ihrer Umgebung beobachten können. Das tritt gerade ein. Wir erleben ungewöhnliche Wetterphänomene wie Hitzewellen,

Ein Pinguin auf einer Eisscholle in der Antarktis. Viele große Eisplatten brechen auseinander und die westliche Antarktis schmilzt in beängstigendem Tempo.

SO WURDE DAS RAUCHEN »UNCOOL«

In den 1950er- und 1960er-Jahren rauchten über 40 % der erwachsenen Amerikaner Zigaretten. Viele Leute waren der Meinung, Rauchen sei harmlos. Selbst Nichtraucher hielten es nicht für gefährlich.

1964 veröffentlichte der Gesundheitsminister einen Bericht, der offenbarte, dass Rauchen zu Krebs, Herzkrankheiten und anderen gesundheitlichen Problemen führt. 1966 schrieb die Regierung den Tabakkonzernen vor, auf die Zigarettenpackungen Gesundheitswarnungen zu drucken. 1969 wurde Zigarettenwerbung im Fernsehen verboten. Seither klärt die Regierung laufend weiter über die Gefahren des Rauchens auf.

Mit anderen Worten handelte die Regierung, um die Einstellung der Bürger zu beeinflussen und sie dazu zu bringen, ihre Gewohnheiten zu ändern. Und es funktionierte. Heute rauchen ungefähr nur noch 20 % der erwachsenen Amerikaner. Millionen von Menschen sind gesünder und leben länger, weil sie nicht rauchen. Und das, obwohl die Tabakindustrie Millionenbeträge ausgab, um die Schädlichkeit des Rauchens zu widerlegen.

Aus dieser Erfolgsgeschichte können wir für den Kampf gegen den Klimawandel viel lernen. Denn wenn sich Menschen davon überzeugen lassen, das Rauchen aufzugeben, kann man sie auch davon überzeugen, keine fossilen Brennstoffe mehr zu verwenden.

RAUCHER IN DEN USA

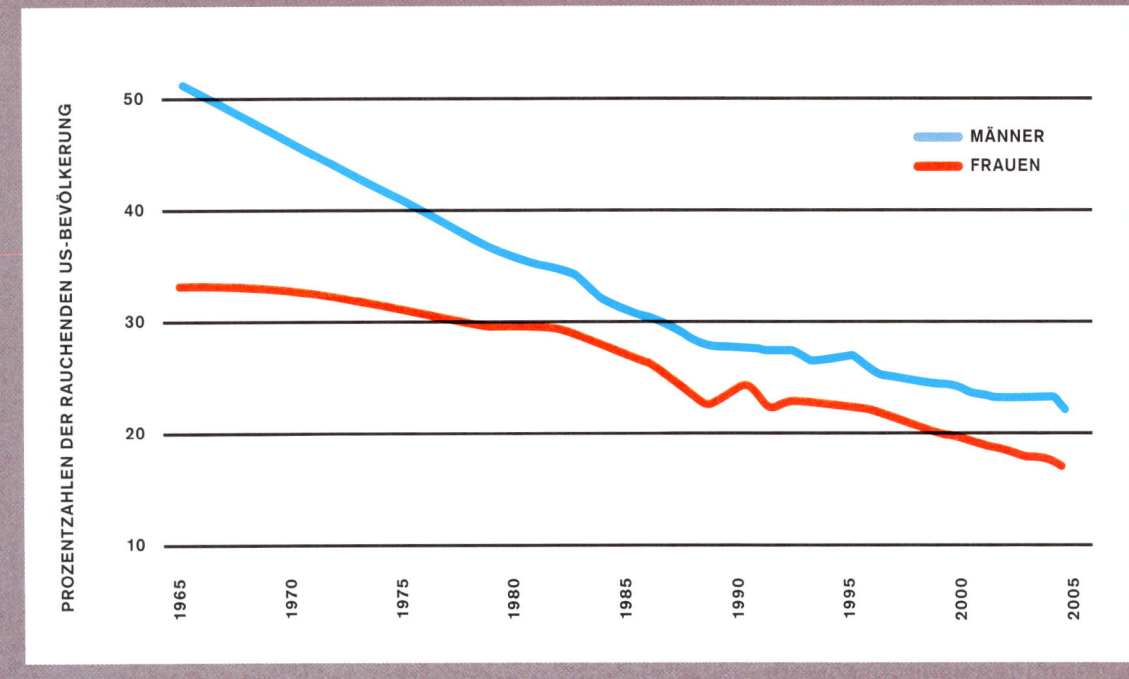

Überschwemmungen und Dürreperioden. Gewaltige Stürme wie der Hurrikan Katrina treten immer häufiger auf. Sie zeigen, welche Verwüstungen der Klimawandel mit sich bringen kann.

Aber die Auswirkungen der Krise sind auch in anderer Hinsicht zu spüren. In manchen Gegenden sind die Singvögel verschwunden. Durch den Klimawandel haben sich ihre Wanderungszüge geändert. Vor der Küste Kaliforniens nimmt der Bestand an Lachsen ab. Das ist eine Folge der veränderten Meeresströmungen und der Wassertemperatur. Derartige Veränderungen machen die Menschen auf die Gefahren der globalen Erwärmung aufmerksam.

Und das ist erst der Anfang.

Doch wenn die Menschen heute auf den Klimawandel achten, werden sie es dann auch in Zukunft noch tun?

Unsere Aufmerksamkeit ist meist von kurzer Dauer. Und es ist schwer, die Gewohnheiten der Menschen zu ändern.

Eine Krise kann zwar kurzfristig etwas bewegen. Doch dann fallen wir schnell wieder in alte Muster zurück.

Wenn z. B. das Benzin wieder teurer geworden ist, besteht eine Zeit lang große Nachfrage nach Autos mit geringem Verbrauch. Doch sobald der Benzinpreis fällt, scheinen die Leute das Problem wieder zu vergessen und interessieren sich auch nicht mehr für Elektroautos.

DIE DENKWEISE ÄNDERN

Um die Klimakrise zu bewältigen, müssen wir deshalb unsere Denkweise verändern. Das wird nicht leicht sein. Die Menschheit besitzt keine Erfahrung im Umgang mit dem Klimawandel. Es gibt keine Erinnerungen, die uns helfen, das Ausmaß der Gefahr zu begreifen und Schritte dagegen zu unternehmen.

Aber die Menschen sind durchaus in der Lage, gemeinsam auf längerfristige Ziele hinzuarbeiten. Immer wieder in der Geschichte haben sie sich zusammengeschlossen und gemeinsam Probleme gelöst. Diese Fähigkeit ist in unserem Gehirn verankert.

Um unsere Denkweise zu verändern, müssen wir Folgendes tun:

▶ Wir müssen an die Grundwerte der Menschen appellieren. Alle großen Religionen lehren, dass der Mensch die Verantwortung dafür hat, die Erde zu erhalten. Außerdem fühlen sich die meisten Menschen kommenden Generationen gegenüber verantwortlich. Wir wollen unseren Nachkommen keinen zerstörten Planeten hinterlassen.

▶ Wir dürfen uns nicht entmutigen lassen. Wir wollen die Welt aufrütteln, damit sie die Gefahren des Klimawandels nicht länger übersieht. Doch wenn die Menschen dann andererseits glauben, es bestünde keine Hoffnung mehr, werden sie einfach aufgeben. Wir müssen der Gefahr zwar ins Auge sehen – doch wir können die schlimmsten Folgen noch verhindern.

▶ Wir müssen den Menschen klarmachen, dass der Kampf gegen die Erderwärmung auch andere bestehende Probleme lösen kann. Der Aufbau einer neuen Energiewirtschaft wird z. B. viele neue Arbeitsplätze schaffen.

▶ Eine natürliche menschliche Reaktion auf ein Problem besteht darin, nach einer einfachen Lösung zu suchen. Doch für das Klimaproblem gibt es keine einfache Lösung. Wir müssen mehrere Lösungen miteinander kombinieren.

Nichts davon wird leicht sein, aber wir können es schaffen. Gerade junge Menschen stehen neuen Ideen offen gegenüber. Wenn wir so viele Menschen wie möglich dazu bringen, wenigstens ein klein wenig ihre Einstellung zu ändern – dann können wir die Welt dazu bringen, zu handeln, bevor es zu spät ist. Nämlich jetzt.

◀ Der Bau der Kathedrale von Chartres in Frankreich dauerte über hundert Jahre. Das zeigt, dass Menschen über lange Zeiträume hinweg auf ein gemeinsames Ziel hinarbeiten können.

RELIGION UND UMWELT

Alle großen Religionen lehren, dass die Menschen für die Erde verantwortlich sind. Das verdeutlichen die folgenden Zitate:

ISLAM
Die Welt ist schön und voller Grün und wahrlich hat Gott, Er sei gepriesen, dich zu Seinem Hüter auf ihr gemacht, und Er sieht, wie du dieses Amt erfüllst.

TAOISMUS
Du sollst nicht [den Bewuchs] bewirtschafteter oder unbewirtschafteter Felder verbrennen, noch den der Berge oder Wälder. Du sollst nicht ohne Grund Bäume fällen. Du sollst keine giftigen Stoffe in Seen, Flüsse und Meere werfen. Du sollst nicht ohne Grund Löcher in den Boden graben und dadurch die Erde zerstören.

JUDENTUM
Wirf keine Abfälle an Orten weg, an denen sie vom Wind zerstreut oder von der Flut fortgespült werden können.

HINDUISMUS
Fälle keine Bäume, denn sie beseitigen Verschmutzungen.

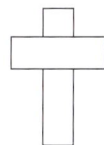

CHRISTENTUM
Gott setzte den Menschen in den Garten Eden, dass er ihn betreute und bewahrte.

ZU VIEL DES GUTEN

Ein Großteil der Informationen, die täglich auf uns einströmen, ist Werbung. Ein Amerikaner sieht im Durchschnitt 3000 Werbebotschaften pro Tag. Und sie alle sagen das Gleiche: Kaufe mehr! Wir hören offenbar auf sie, denn wir verbrauchen immer mehr Waren, ohne darüber nachzudenken, was wir unserer Umwelt dadurch antun.

Die jährlichen Verkaufszahlen von Kleidung z. B. verdoppelten sich zwischen 1991 und 2005. Nicht etwa, weil es mehr Menschen gibt, sondern weil die Menschen einfach doppelt so viel kaufen wie früher. Und je mehr wir kaufen, desto mehr Müll produzieren wir. In den Vereinigten Staaten kommen auf jeden einzelnen Bewohner 64 kg Müll pro Tag.

Ein berühmtes Sprichwort sagt: »Geld allein macht nicht glücklich.« Und es stimmt. Bei einer in verschiedenen Ländern durchgeführten Studie fanden Forscher heraus, dass Menschen nicht glücklicher sind, wenn sie mehr besitzen, als sie zum Leben brauchen. Doch die Werbung verleitet uns zum Kauf unglaublicher Mengen.

Um den Klimawandel zu stoppen, müssen wir weniger verbrauchen und weniger Müll produzieren. Das heißt nicht, dass wir unseren Lebensstandard aufgeben müssen. Sondern dass wir weniger Zeit und Geld dafür aufwenden sollten, uns die allerneuesten Sneakers (oder Jeans oder Handys) zu beschaffen. Auch das ist ein Weg, den Planeten zu retten – und er könnte uns am Ende sogar noch glücklicher machen.

Ein durchschnittlicher amerikanischer Supermarkt wie dieser in Portland, Oregon, bietet über 45 000 verschiedene Artikel an.

EINE FLUT
AN INFORMATIONEN

Fernsehen, Radio, das Internet, SMS, Twitter und ein Dutzend anderer Dinge nehmen uns ständig in Beschlag. Es ist, als würden wir in einem Strom von Neuigkeiten und Lärm schwimmen. Viele dieser Nachrichten sind schlechte Nachrichten: Verbrechen, Krieg, Erdbeben und andere Katastrophen ... Inmitten dieser Flut von Informationen kann es uns vorkommen, als wäre der Klimawandel nur eine unter vielen Hiobsbotschaften. Wir hören sie uns an, ohne uns zum Handeln veranlasst zu fühlen.

Auch diese Gewohnheit müssen wir ablegen: das Abschalten und Nichts-dagegen-tun. Viele Menschen glauben, auf die Geschehnisse um sie herum keinen Einfluss zu haben. Wenn man meint, die Klimakrise nicht abwenden zu können, ist es tatsächlich sinnlos, es zu versuchen. Aber man kann Menschen zum Handeln bewegen, indem man ihnen z. B. zeigt, was zu tun ist und was wirklich etwas nützt.

Im Kampf gegen die Erderwärmung kann jeder eine wichtige Rolle spielen.

Menschen wollen von Natur aus zusammenarbeiten. Wenn sie andere gegen den Klimawandel kämpfen sehen, werden sie sich am Kampf beteiligen wollen.

Vor zwanzig Jahren recycelte in den USA so gut wie niemand seinen Müll. Heute machen es die meisten Menschen, ohne überhaupt darüber nachzudenken. Woher kommt dieser Umschwung? Engagierte Bürger haben ihn möglich gemacht. Sie begannen, ihren Müll zu trennen, und versuchten dann, andere dazu zu bringen, dasselbe zu tun. Nach einiger Zeit erließen die Städte Müll- und Recyclingvorschriften. Heute ist Recyceln für viele Menschen zum selbstverständlichen Teil ihres Alltags geworden.

Ebenso muss der Kampf gegen die Erderwärmung zur Gewohnheit werden. Das ist eine große Herausforderung. Doch unsere vielleicht schwierigste Aufgabe ist es, die Denkweise der Menschen zu verändern. Denn die Zukunft unseres Planeten und kommender Generationen hängt davon ab.

15. Kapitel

Die wahren CO$_2$-Kosten

Wir müssen die wahren Kosten der Erderwärmung und der Luftverschmutzung durch CO$_2$ berechnen.

Kohlendioxid, die Hauptursache der globalen Erwärmung, ist unsichtbar und hat weder Geschmack noch Geruch.

Auch die wahren Kosten der Luftverschmutzung mit CO$_2$ sind unsichtbar.

Wie viel kostet das Benzin momentan? In diesem Preis sind auf jeden Fall der Preis des Rohöls, die Kosten für die Verarbeitung des Öls zu Benzin und die Kosten für den Transport zur Tankstelle enthalten. Und eine große Gewinnspanne für die Ölgesellschaft ist natürlich auch mit einkalkuliert.

Nicht im Benzinpreis enthalten sind jedoch die von der Erderwärmung verursachten Kosten: der Schaden für Nutzpflanzen und unsere Lebensmittelversorgung, die Zerstörung unserer Wälder und die Überflutung von Küstenstädten. Betrachtet man die wirtschaftliche Seite der Erderwärmung, dann sind die Kosten enorm hoch: Sie betragen Billionen von Dollar!

◀ Das Kohlekraftwerk Amos in Raymond, West Virginia, gab 2006 über 18 Millionen Tonnen CO$_2$ an die Luft ab.

Ein Mittel gegen den Klimawandel wäre, die Kosten der Luftverschmutzung mit CO$_2$ auszurechnen und sie auf den Preis fossiler Brennstoffe aufzuschlagen.

In diesem Fall würde der CO$_2$-Ausstoß so teuer werden, dass sich Privatleute wie Unternehmen neue Wege überlegen müssten, um Energie zu erhalten – ohne dabei zusätzliches Kohlendioxid zu produzieren.

Dies wäre nicht das erste Mal, dass die Verursacher der Umweltverschmutzung zur Kasse gebeten werden. 1990 erließ der Kongress in den USA ein Gesetz zur Senkung des Ausstoßes von Schwefeldioxid (SO$_2$). Dieser chemische Stoff ist eine der Hauptursachen für sauren Regen. Wenn er in die Luft gelangt, macht er Regenwasser sauer, und das saure Wasser tötet Wälder und Tiere.

VERSCHMUTZUNG KOSTET GELD

Bis 1990 gaben Kohlekraftwerke und Fabriken große Mengen an Schwefeldioxid an die Luft ab. Der in den USA verursachte saure Regen schädigte sogar noch Wälder in Europa. Hohe SO$_2$-Werte schaden auch

Bei diesem Kohlekraftwerk in Rome, Georgia, wurde 2008 ein sogenannter Gaswäscher eingebaut, der aus den Abgasen das SO$_2$ herausfiltert.

SO FUNKTIONIERT EMISSIONSHANDEL

In diesem System erhält jedes Unternehmen das Recht, eine bestimmte Menge an SO_2 in die Luft abzugeben. Firmen mit einem höheren Ausstoß müssen anderen Firmen mit geringerem Ausstoß deren Emissionsrechte abkaufen.

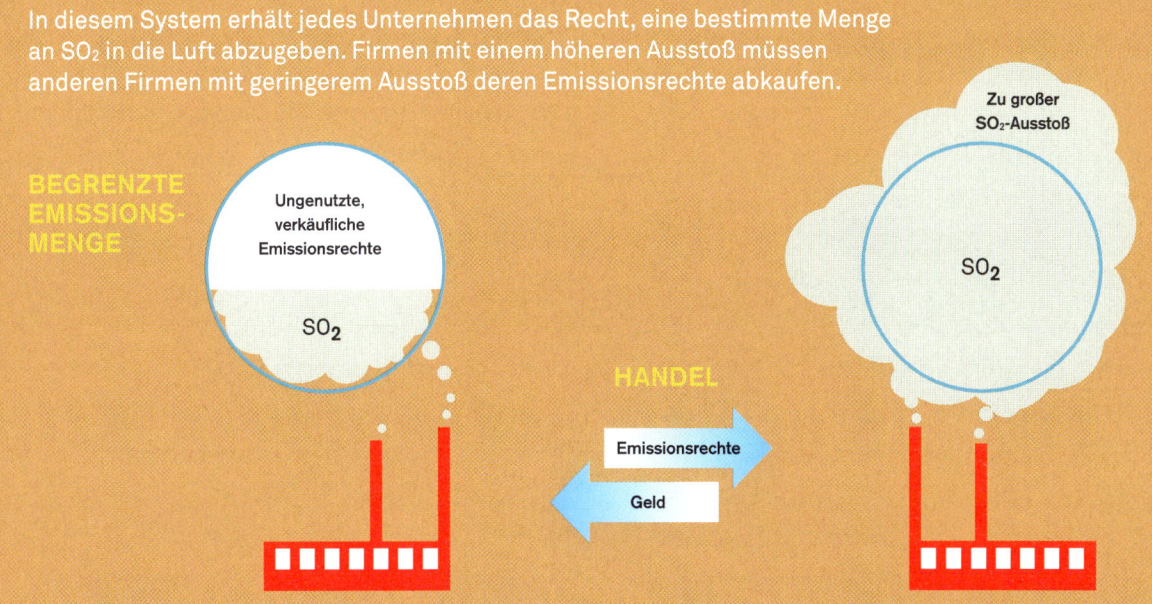

BEGRENZTE EMISSIONS-MENGE

Ungenutzte, verkäufliche Emissionsrechte

SO_2

HANDEL

Emissionsrechte

Geld

Zu großer SO_2-Ausstoß

SO_2

Menschen, besonders den Älteren und Kindern.

Kein Betreiber würde von allein etwas tun, um den Schadstoffausstoß seiner Kraftwerke zu senken. Schließlich handelt es sich um Wirtschaftsunternehmer, die Geld verdienen wollen. Sie sehen es nicht als ihre Aufgabe an, die Umwelt zu schützen oder sich um die Zukunft des Planeten zu sorgen.

Deshalb musste sich die Regierung einschalten und die Unternehmen zwingen, den sauren Regen zu stoppen.

Der *Clear Air Act* von 1990, das »Gesetz für saubere Luft«, senkte den SO_2-Ausstoß, in-

dem es die Verschmutzung mit Schwefeldioxid verteuerte. Und das funktionierte so:

Das Gesetz schränkt die Gesamtmenge an Schwefeldioxid ein, die Kohlekraftwerke erzeugen dürfen. Jedes Kraftwerk darf nur noch eine bestimmte Menge SO_2 in die Luft blasen. Wenn der Betreiber mehr davon auszustoßen beabsichtigt, muss er anderen Unternehmen ihre Emissionsrechte abkaufen (Emission = Ausstoß). Das bedeutet, dass eine Betreiberfirma Geld verdienen kann, indem sie den SO_2-Ausstoß ihres Kraftwerks verringert und ihr nicht benötigtes Emissionsrecht verkauft. Diese Kombination aus Mengenbegrenzung und Handel nennt man auf Englisch *cap and trade.*

Manche Politiker und Geschäftsleute behaupteten, dieses System würde zu viel kosten und der Wirtschaft der USA schaden. Doch es funktionierte sogar noch besser als geplant. Seit das Gesetz in Kraft trat, ging der SO_2-Ausstoß um 40 % zurück. Das Gesetz schädigte weder die Wirtschaft, noch beeinträchtigte es die Produktion von elektrischem Strom.

Aus den Erfahrungen mit dem SO_2-Emissionshandel können wir einiges lernen, wie z. B. dass Unternehmen ihren Schadstoffausstoß nicht von allein reduzieren. Den Geschäftsleuten geht es in erster Linie darum, Profit zu machen. Dabei bedenken sie nicht immer die Kosten der von ihnen verursachten Verschmutzung mit SO_2, sofern das Gesetz sie nicht dazu zwingt.

Weil sie nur die Gewinne von heute im Blick haben, verlieren amerikanische Firmen die Zukunft aus den Augen.

Man braucht sich nur die amerikanische Autoindustrie anzusehen. Jahrelang wurden Fahrzeuge mit hohem Treibstoffverbrauch gebaut. Und es wurde so getan, als könnte der Benzinpreis niemals steigen und als würde der Ausstoß von 90 Tonnen Kohlendioxid pro Tag ohne Folgen bleiben. Gleichzeitig aber entwickelten Unternehmen im Ausland Elektrofahrzeuge und Autos mit sparsamerem Verbrauch. Und was geschah, als die Treibstoffpreise schließlich doch stiegen? Zwei der drei großen amerikanischen Autobauer gingen pleite und mussten mit Steuergeldern gerettet werden.

AUF LANGE SICHT

Überall wird versucht, das schnelle Geld zu machen. Dieser Gedanke beherrscht auch die Börsen. Früher kauften amerikanische Investoren Aktien und behielten sie ein paar Jahre lang. Sie warteten, bis sich die Unternehmen entwickelt hatten und Gewinne abwarfen. Heute werden Aktien bereits nach Wochen oder sogar Stunden verkauft, sobald sie nur ein wenig im Wert gestiegen sind. Um die Investoren zufriedenzustellen, streben die Manager kurzfristige Gewinne an, anstatt auf längerfristiges Wachstum zu setzen.

2008 konnten wir erleben, was geschieht, wenn man nur auf Gewinn setzt, ohne an die Zukunft zu denken. Die Banken liehen ihren Kunden Milliarden von Dollar, obwohl absehbar war, dass diese das Geld nicht zurückzahlen konnten. Aber die Banken interessierten sich nur für ihre aktuellen Bilanzen, und die sahen dank der Kreditzinsen gut aus. Doch als die Kredite nicht zurückgezahlt wurden,

Ein Haus, das in Miami, Florida, zum Verkauf steht. In der letzten Wirtschaftskrise verloren viele Amerikaner ihre Häuser, weil sie ihre Kredite nicht zurückzahlen konnten.

gingen einige Banken bankrott und verursachten eine Wirtschaftskrise, die sich nicht nur in den USA, sondern weltweit auswirkte.

Das Problem sind aber nicht nur kurzsichtige Wirtschaftsbosse. Die gesamte amerikanische Nation plant nie lange voraus. Die Menschen verhalten sich, als würde die Nutzung fossiler Brennstoffe keine Folgekosten verursachen. Es werden weiterhin Kohlekraftwerke gebaut, und es wird in veraltete Technologien investiert, während andere Länder auf erneuerbare Energien setzen.

Eine der Ursachen dieses Problems liegt in der Berechnung des Vermögens der USA. Ist dieses Vermögen nur die Summe von all dem, was innerhalb des Landes gekauft und verkauft wird? Wenn man den Wert auf diese Weise ermittelt, dann sagt er nichts darüber aus, ob die Waren und Dienstleistungen für unseren Planeten sinnvoll oder gut sind. Macht es uns reicher, wenn wir für Strom, der mit fossilen Brennstoffen erzeugt wurde, Milliarden von Dollar ausgeben und dadurch mehr CO_2 ausstoßen? Macht es uns reicher, wenn wir Kohle verbrennen und dadurch mehr Quecksilber an Luft und

Nachdem ein Damm brach, zerstörte der von diesem Kraftwerk in Tennessee erzeugte Kohleschlamm die umliegenden Häuser, Straßen und Felder.

Wasser abgeben? Die meisten Leute würden darauf mit Nein antworten.

Der Reichtum eines jeden Landes muss unter Berücksichtigung aller Ressourcen berechnet werden: Böden und Wälder sowie die zur Verfügung stehende Sonnenenergie, Windkraft und Erdwärme. Diese Berechnung muss alle Formen von Umweltverschmutzung mit einkalkulieren und die Zukunft im Auge behalten. Wir dürfen nie vergessen, dass wir heute die Verantwortung für die Umwelt und Wirtschaft der Menschheit in 20, 50 oder 100 Jahren tragen.

VIER STRATEGIEN GEGEN CO_2

Wenn wir für die Zukunft planen wollen, müssen wir den CO_2-Ausstoß verteuern. Dazu gibt es vier Möglichkeiten:

1. **Einführung einer CO_2-Steuer:** Die Regierung besteuert alles, was Kohlendioxid an die Luft abgibt – also alle Nutzungsarten fossiler Brennstoffe. Dafür werden andere Steuern sinken, sodass die Bürger nicht durch die

DER PREIS UNSERER SICHERHEIT

Die Erderwärmung stellt in vielfacher Hinsicht eine Gefahr dar: für unser Klima, für unsere Versorgung mit Lebensmitteln und für unsere Wirtschaft. Militärexperten sind außerdem der Ansicht, dass sie auch die Sicherheit der ganzen Welt gefährdet.

Die durch den Klimawandel hervorgerufenen furchtbaren Stürme, Dürren und anderen extremen Wetterphänomene betreffen alle Menschen. Doch in den ärmeren Ländern wirken sie sich am heftigsten aus. Der Klimawandel verschlimmert dort die ohnehin schon schwierige Situation und es kann zu Gewalt, Krieg und zum Zusammenbruch von Regierungen kommen.

Die Kämpfe im westlichen Sudan z. B. sind zumindest teilweise die Folge einer jahrelangen Dürre. Im Krieg um Wasser, Öl und andere Ressourcen starben Zehntausende von Menschen. Zehntausende mussten aus Darfur im südlichen Sudan fliehen. Und Darfur ist nur ein Beispiel für das, was passieren kann, wenn wir den Klimawandel nicht stoppen.

Aus diesem Grund begannen Experten der US-Armee sich mit dem Klimawandel zu beschäftigen. Sie überlegten sich, was z. B. bei einer gewaltigen Überschwemmung in Bangladesch passieren würde: In diesem Land leben Millionen armer Menschen in Küstengebieten. Wenn es durch einen Hurrikan zu einer Überschwemmung dieser Gebiete käme, würden Tausende sterben und Hunderttausende ihr Zuhause verlieren. Die Überlebenden würden wahrscheinlich versuchen, nach Indien und in andere Nachbarländer zu flüchten.

Wie könnte man auf einen derartigen Notfall reagieren? Würden Nahrungsspenden und Medikamente helfen? Was, wenn es infolge des Unglücks zu Kämpfen zwischen aggressiven Interessensgruppen käme? Was könnten die USA, was könnte die Welt dagegen unternehmen? Würden sich die Konflikte auch auf andere Länder auswirken?

Natürlich muss es infolge des Klimawandels nicht zwangsläufig zu einem Krieg kommen. Aber die Armee muss sich auch mit diesen Fragen befassen – und ist sich im Klaren darüber, dass die Erderwärmung große Veränderungen und Gefahren mit sich bringen wird. Deshalb ist es umso wichtiger, bereits heute für die Sicherheit von morgen vorzusorgen. Lieber tragen wir heute die Kosten, um den Schadstoffausstoß zu verringern und neue Energiequellen zu erschließen – als in Zukunft auf andere Weise dafür bezahlen zu müssen.

Frauen holen an einem Brunnen in Gouroukoun in Tschad Wasser. In diesem Dorf kamen Flüchtlinge aus Darfur unter, wo die Dürre zu einem der Auslöser für jahrelange Kämpfe wurde.

Dieses Neubauviertel in Surrey in England deckt mit Solarmodulen, passiver Solarenergie und einem Biomassekraftwerk den gesamten Eigenbedarf an Strom und Wärme.

erhöhten Preise für Heizöl und Benzin verarmen.

Eine CO_2-Steuer wäre die einfachste und unmittelbarste Möglichkeit, den Ausstoß von CO_2 zu verteuern. Unternehmen und Privatleute werden dadurch gezwungen, ihre Gewohnheiten zu verändern. Das Problem: Viele Amerikaner sträuben sich gegen die Einführung neuer Steuern. Außerdem unterstützen ausgerechnet Öl- und Kohlefirmen mit Millionen von Dollar den Wahlkampf von Politikern – was es nicht gerade leicht machen wird, den gesetzgebenden Kongress für eine derartige Steuer zu begeistern.

2. **Einführung des Emissionshandels:** Dieser Punkt ist Teil des Klimaprogramms von Präsident Barack Obama.

Ziel ist es, den CO_2-Ausstoß bis 2020 um 17 % und bis 2050 um 83 % zu senken. Dieses Ziel ist zwar weniger ehrgeizig als das anderer Länder, stellt aber dennoch einen riesigen Schritt in die richtige Richtung dar.

3. **Direkter Eingriff der Regierung:** Das bedeutet, dass die Regierung für den CO_2-Ausstoß eine Höchstgrenze gesetzlich vorschreibt. Dadurch wird ein erhöhter Kohlendioxidausstoß nicht einfach nur teurer wie beim Emissionshandel, sondern gilt als Verstoß gegen das Gesetz. Gut wäre eine Kombination dieser Methode mit dem Emissionshandel und der CO_2-Steuer. 2009 sandte das US-Umweltministerium dem Kongress einen Plan zur Senkung des CO_2-Ausstoßes zu. Es bleibt abzuwar-

ten, ob der Kongress zustimmt oder ob Öl- und Kohlefirmen dies zu verhindern versuchen.

4. **Gesetze, die die Energieversorger zwingen, erneuerbare Energiequellen zu verwenden:** Das ist bereits in Kalifornien und einigen anderen Bundesstaaten der USA geschehen. Und diese Maßnahmen führten dazu, dass mehr Geld in Windkraft- und Solaranlagen investiert wurde, die sonst nicht gebaut worden wären. Wenn also ein entsprechendes Gesetz erlassen wird, werden sich die Investitionen in erneuerbare Energiequellen rasch mehren. Andere Länder, darunter auch China und die EU-Staaten, verfolgen bereits diese Strategie.

EINE CHANCE FÜR DIE WIRTSCHAFT

Manche Leute behaupten, dass die CO₂-Steuer oder der Emissionshandel die Wirtschaft schädigen würden. Doch das Gegenteil wird der Fall sein. Denn wenn wir unser Verhalten nicht ändern und weiterhin tun, als stelle die Erderwärmung keine Gefahr dar, wird die Wirtschaft in ernste Schwierigkeiten geraten und wir werden doppelt dafür bezahlen: Zum einen werden wir unter dem Klimawandel leiden und zum anderen werden wir eine große Chance verpassen.

Der Klimawandel stellt zwar eine große Gefahr dar, ist aber zugleich auch die Chance, neue Industriezweige und Arbeitsplätze zu schaffen. Firmen, die neue Technologien für neue Energiequellen entwickeln, werden erfolgreich sein. Länder, die auf den Ausstieg aus fossilen Brennstoffen hinarbeiten, werden ein Wirtschaftswachstum erleben. Und ich bin der festen Überzeugung, dass die erneuerbaren Energien in den kommenden 25 Jahren zum Motor des Wirtschaftswachstums werden.

Doch das wird nur geschehen, wenn wir auch unsere wirtschaftliche Denkweise verändern. Wir dürfen uns nicht nur darüber Gedanken machen, wie wir dieses Jahr möglichst hohe Gewinne erzielen, sondern müssen in unsere Planung auch die Zukunft mit einbeziehen. Wir müssen den wahren Preis der Umweltverschmutzung und den wahren Wert unserer natürlichen Rohstoffe kennen. Und wir müssen jetzt handeln. Unsere Zukunft, vor allem aber die Zukunft unserer Kinder und Enkel, hängt davon ab.

16. Kapitel

Gemeinsam handeln

Unsere Regierungen müssen jetzt handeln, um den Klimawandel zu stoppen.

Der Klimawandel ist nicht aufzuhalten, wenn ausschließlich einzelne Personen dagegen vorgehen. Dazu ist das Problem zu groß und zu umfassend. Wir müssen zusammenarbeiten, als Nation, aber auch mit allen anderen Nationen dieser Welt, um unseren Planeten gemeinsam zu retten.

Wir brauchen neue Gesetze gegen die Umweltverschmutzung. Die Regierungen müssen in erneuerbare Energien investieren und ihren Einsatz fördern.

Bisher hat die Regierung der USA nur sehr langsam reagiert. Fast alle anderen Länder der Welt haben bereits das Kyoto-Protokoll unterschrieben, eine internationale Übereinkunft zur Verringerung der Treibhausgase. Als einzige Industrienation haben die USA ihre Unterschrift bis heute verweigert.

◀ Schüler protestieren vor dem Parlamentsgebäude von Lansing in Michigan für saubere Energie.

Es gibt mehrere Gründe dafür, dass die US-Regierung noch nichts Wesentliches gegen die Erderwärmung unternommen hat. Leider haben viele Bürger noch nicht begriffen, dass sie tatsächlich stattfindet. Auch können sich viele eine Welt ohne fossile Brennstoffe nicht vorstellen.

Das ist teilweise darauf zurückzuführen, dass die Erdöl- und Kohleindustrie Hunderte von Millionen Dollar ausgab, um Maßnahmen gegen die Erderwärmung zu verhindern. Durch Werbung, falsche Informationen und Wahlkampfspenden für Politiker gelang es ihnen, die Menschen davon abzuhalten, das zu tun, was getan werden muss:
Denn solange die Öffentlichkeit die Regierung nicht zum Handeln auffordert, wird die Regierung nichts unternehmen.

Um unseren Planeten vor dem Klimawandel zu retten, müssen wir von unseren Regierungen verlangen, sofort zu handeln.

POLITIK UND GELD

Im Geschäftsjahr 2008 erzielte eine der größten Erdölfirmen Gewinne in Höhe von 45,2 Milliarden Dollar – mehr als jedes andere amerikanische Unternehmen zuvor. Diese Zahl sagt viel aus. Im Boden lagern Erdöl und Kohle im Wert von mehreren Billionen Dollar. Die Unternehmen wollen weiterhin fossile Brennstoffe verkaufen, um daran zu verdienen. Deshalb tun sie alles, um Maßnahmen gegen den Klimawandel zu verhindern.

LOBBYISMUS FÜR FOSSILE BRENNSTOFFE

Eine Strategie der Erdöl- und Kohleindustrie besteht darin, viel Geld für den Wahlkampf von Politikern zu spenden. Wer in den USA als Kongressabgeordneter oder Senator kandidieren will, muss über mehrere Millionen Dollar verfügen, um z. B. Werbespots im Fernsehen zu bezahlen. Deshalb unterstützen diese Unternehmen einige Politiker finanziell – natürlich nicht jene, die sich für erneuerbare Energien einsetzten.

Außerdem hat diese Industrie ein Interesse daran, die öffentliche Diskussion über den Klimawandel in ihrem Sinne anzuheizen – und bezahlt den daran beteiligten *Lobbyisten* Geld. Ein Lobbyist ist jemand, der die Interessen einer bestimmten Gruppe oder Firma vertritt. Er trifft sich mit einem Politiker, erklärt ihm, was die Erdöl- und Kohleunternehmen von ihm wollen, und liefert ihm Argumente für den uneingeschränkten Einsatz fossiler Brennstoffe.

Auch Umweltschutzgruppen haben Lobbyisten. Diese versuchen, die Politiker davon zu überzeugen, sich für Maßnahmen gegen die Klimakrise auszusprechen. Doch es gibt viel zu wenige von ihnen.

DER KAMPF GEGEN DIE WAHRHEIT

Ende der 1980er-Jahre waren sich die meisten Wissenschaftler darüber einig, dass eine Erderwärmung stattfindet und dass sie die Folge menschlicher Handlungen ist. Die Erdöl- und Kohleindustrie wusste, dass die Öffentlichkeit die Regierung unter Druck setzen würde, sobald sich die Forscher Gehör verschafft hatten. Doch die meisten Leute konnten mit der Vorstellung eines Klimawandels nichts anfangen – und die Lobbyisten der fossilen Brennstoffe nutzten ihre Chance. Um 1989 begann die Erdöl- und Kohleindustrie eine Kampagne zur Verbreitung falscher Informationen. Da es unglaubwürdig gewirkt hätte, wenn die Unternehmen selbst zu ihrer Verteidigung angetreten wären, wurden zuerst Vereine mit harmlos klingenden Namen gegründet – wie etwa die *Global Climate Coalition* (»Globale Klima Koalition«) –, die in Wahrheit von den Erdölfirmen finanziert wurden.

Eine ihrer Aufgaben bestand darin, Wissenschaftler zu finden, die abstritten,

dass es den Klimawandel wirklich gibt. Als dazu kaum Wissenschaftler bereit waren, wurden eben welche erfunden. Und wenn angesehene Forscher versuchten, die Wahrheit über die Erderwärmung bekannt zu machen, wurden sie von diesen Vereinen und selbst ernannten Experten angegriffen.

Als die Öffentlichkeit trotzdem allmählich zu begreifen begann, dass es die Klimakrise wirklich gibt, änderten diese Vereine ihre Taktik. Nun behaupteten sie, es könne tatsächlich eine Erderwärmung geben, doch sei sie natürlich und nicht vom Menschen verursacht. In neuerer Zeit erklären sie, der Klimawandel sei vielleicht doch

STREIT UM DEN KLIMAWANDEL

Während 75 % der Demokraten mit Hochschulabschluss davon überzeugt sind, dass der Klimawandel wirklich existiert, glauben das nur 19 % der republikanischen Hochschulabsolventen.

DEMOKRATEN
75 %

REPUBLIKANER
19 %

UNBEQUEME JUGEND

Als Mary Doerr 2007 an einem Seminar von *The Climate Project* (»Das Klimaprojekt«, TCP) teilnahm, wollte sie wie die meisten anderen dort etwas über die Erderwärmung erfahren und etwas dagegen unternehmen. Allerdings zählte sie mit ihren 15 Jahren zu den Jüngsten, die jemals an einer dieser Veranstaltungen teilgenommen hatten.

Bei TCP werden Menschen in aller Welt dazu ausgebildet, Vorträge über die Klimakrise zu halten. Viele Leute nehmen an diesen Seminaren teil, doch die meisten von ihnen sind erwachsen. Aber das störte Mary nicht. Sie wusste, dass die Erderwärmung das größte Problem ist, dem sich ihre Generation gegenübersieht, und wollte wie viele andere Jugendliche etwas tun, um dieses Problem zu lösen.

Mary hatte einen meiner Vorträge gehört und er hatte ihr gefallen. Aber sie fand, dass es eine bessere Art gäbe, jungen Leuten den Klimawandel zu erklären. Zusammen mit einigen Freunden schrieb sie meine Rede um. Danach war der Text kürzer, und es ging hauptsächlich darum, wie sich Jugendliche engagieren könnten. Gemeinsam mit anderen Teenagern gründete sie die Gruppe *Inconvenient Youth* (»Unbequeme Jugend«, ICY).

Seither waren die Freiwilligen von ICY fleißig unterwegs und haben ihre Version der Rede vor Altersgenossen im ganzen Land gehalten. Im Herbst 2008 machten sogar einige Mitglieder zusammen mit der Band *KSM* eine Tournee und traten in 36 Städten auf. Mary erzählte, dass viele junge Leute, die sie dabei traf, es gar nicht erwarten konnten, bei ICY mitzumachen.

Auch im Internet ist ICY aktiv: Auf ihrer Webseite tauschen engagierte junge Leute Ideen, Informationen über die Klimakrise und Tipps aus und lernen andere junge Umweltschützer kennen.

Mehr Informationen über *Inconvenient Youth* und *The Climate Project* unter www.inconvenientyouth.org und www.theclimateproject.org

von Menschen ausgelöst, habe aber keine ernsten Folgen. Einige »Experten« vertreten sogar die Ansicht, die Erderwärmung sei gut und führe zu höheren landwirtschaftlichen Erträgen.

Doch keine dieser Behauptungen wurde jemals bewiesen. Kaum ein seriöser Wissenschaftler stimmte ihnen zu. Die Erdöl- und Kohleunternehmen lieferten einfach Fehlinformationen.

ERFUNDENE NACHRICHTEN

Einer der Schauplätze dieses Informations-»Kriegs« waren die Medien. Die Erdöl- und Kohleindustrie verlangte, dass ihr in den Medien für ihre Darstellung der Sachlage ebenso viel Platz eingeräumt werde wie der Gegenseite – und hatte großen Erfolg. In Zeitungen, Radio und Fernsehen wurde die Angelegenheit als wichtige Diskussion präsentiert. Reporter taten, als wären die Argumente beider Seiten gleichermaßen berechtigt, obwohl die Erderwärmung bereits eine bewiesene Tatsache war. Es war, als diskutierten in den Nachrichten auf einmal »Experten« darüber, ob die Erde flach oder rund sei.

DIE STIMME DES VOLKES

Doch trotz dieser Täuschungsmanöver wacht das amerikanische Volk allmählich auf. Die große Mehrheit der Amerikaner hat begriffen, dass der Klimawandel wirklich existiert. Und nicht nur das: In einer 2009 durchgeführten Meinungsumfrage fanden 75 % der Bürger, dass die Regierung den Ausstoß von Treibhausgasen einschränken sollte.

Dieser Sinneswandel ist zum Teil den Umweltschützern zu verdanken, die dafür gekämpft haben, dass die Wahrheit bekannt wird. Sie organisieren Bürgerproteste, um den Kongress zum Handeln zu zwingen. Und sie nutzen viele Medien wie das Internet, um die Fakten auch weiterhin zugänglich zu machen.

2006 habe ich selbst eine Umweltschutzorganisation gegründet: *The Alliance for Climate Protection* (»Die Allianz für Klimaschutz«). Hier arbeiten die Anhänger der beiden großen amerikanischen Parteien, Republikaner und Demokraten, zusammen, um etwas gegen den Klimawandel zu unternehmen. Bis heute konnten wir über zwei Millionen Menschen mobilisieren, die in ihren Gemeinden für den Klimaschutz arbeiten. Gemeinsam mit anderen Organisationen haben wir erreicht, dass 2008 bei den Wahlen eines neuen amerikanischen Präsidenten beide Kandidaten für den Emissionshandel eintraten.

Die Geschichte hat es immer wieder gezeigt: Junge Menschen können einen Wandel herbeiführen. Und jeder von uns kann helfen, die Wahrheit über die Erderwärmung bekannt zu machen. Gemeinsam mit anderen können wir auf die notwendigen Veränderungen hinarbeiten. Wir wissen Bescheid – und können die richtige Wahl treffen.

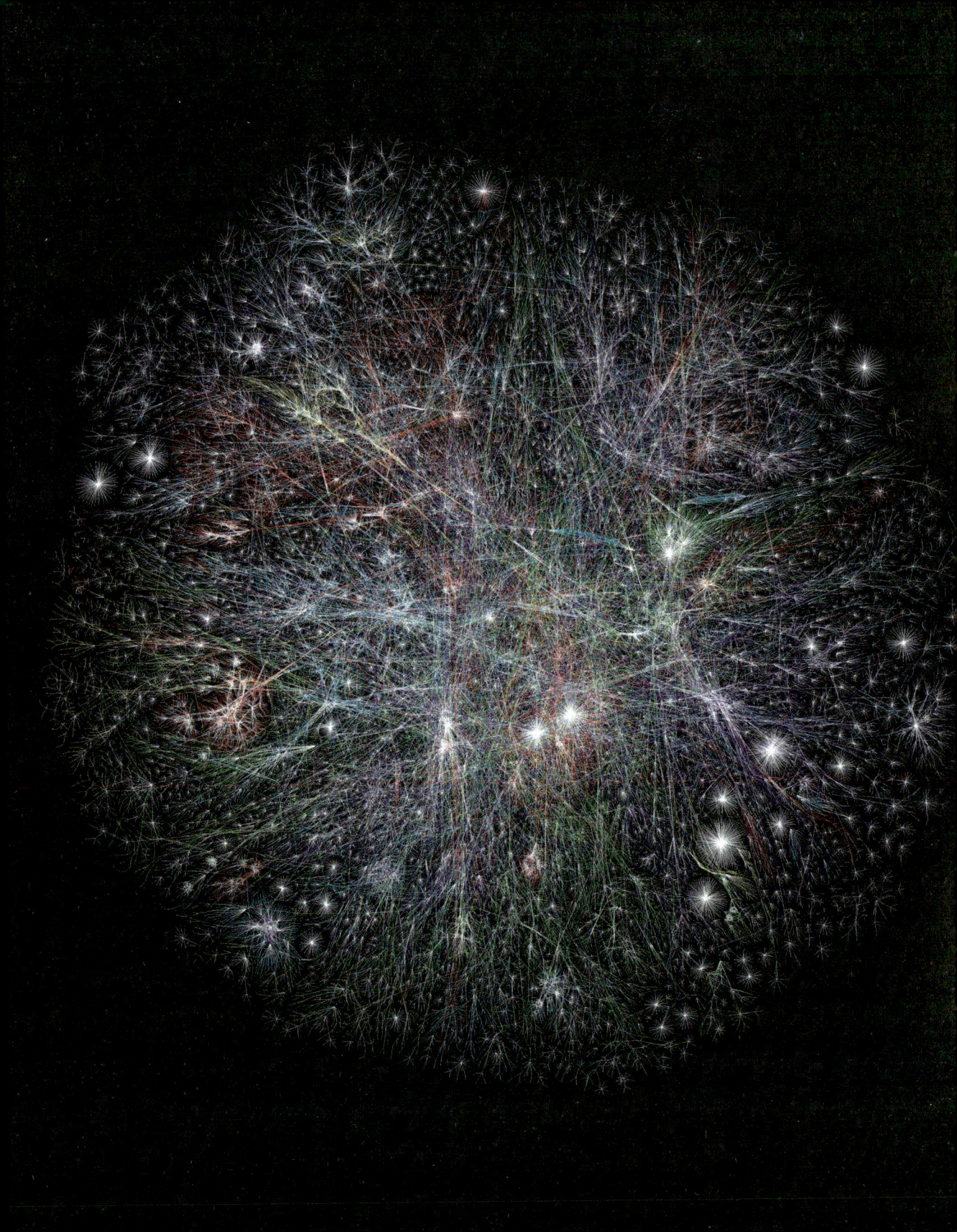

17. Kapitel

Die Macht der Information

Computer, Software und das Internet können zu wichtigen Helfern im Kampf gegen den Klimawandel werden.

Die Klimakrise ist das Ergebnis unseres modernen Lebensstils. Wir verbrennen fossile Brennstoffe und erzeugen dabei Kohlendioxid, um Auto zu fahren, Häuser zu beheizen und um unzählige Geräte und Maschinen zu betreiben. Zum Glück können einige dieser Geräte wiederum dabei helfen, den Klimawandel aufzuhalten. Die moderne Informationstechnologie wird somit zu einem sehr nützlichen Werkzeug.

Computer sammeln Daten von wissenschaftlichen Messgeräten, darunter sogar von Satelliten im Weltraum. Aus diesen Daten können wir ersehen, wie schnell sich das Klima verändert und was dagegen zu tun ist. Die entsprechende Software ermöglicht es uns, die Fakten übersichtlich zu ordnen. Und über das Internet können wir diese Informationen schnell in alle Welt verbreiten.

◀ Diese Computergrafik stellt die Millionen von Netzwerke und den Fluss von Informationen im Internet dar.

Informationstechnologie kann aber auch direkt helfen, die Umweltverschmutzung zu verringern. Mithilfe von Mikrochips lässt sich der Energieverbrauch von Geräten steuern und mit spezieller Software könnte man neue Energiequellen entwickeln und das alte Energiesystem effizienter gestalten.

Wir können das Internet dazu nutzen, den internationalen Kampf gegen die Erderwärmung zu organisieren.

Umweltschützer in aller Welt tauschen über das Internet Informationen aus. Webseiten, die wie z. B. *Facebook* als Plattform für Austausch und Kommunikation dienen, machen es den Umweltschützern leichter, in Kontakt zu bleiben und Aktionen zu planen.

Die moderne Informationstechnologie veränderte die Art und Weise, wie wir etwas lernen und wie wir miteinander kommunizieren. Jetzt können wir sie nutzen, um

unser Leben auch in anderer Hinsicht zu verändern – indem wir auf die Nutzung fossiler Brennstoffe verzichten und unseren Planeten retten.

EIN THERMOMETER FÜR DIE ERDE

Was wäre, wenn wir die Erderwärmung präzise messen könnten? Was wäre, wenn wir ganz genau wüssten, wie viel Wärme die Atmosphäre zurückhält? Es wäre so, als könnten wir bei der Erde Fieber messen. Das Ergebnis wäre genau die Art von Information, die die Menschen zum sofortigen Handeln veranlassen würde.

Doch wie lassen sich diese Werte erhalten? Ist das überhaupt möglich? Tatsächlich überlegten sich Wissenschaftler, wie das gehen könnte – und das schon vor zehn Jahren.

Die Idee bestand darin, einen Satelliten namens Triana auf eine Umlaufbahn um die Sonne zu schicken. Der Satellit würde messen, wie viel Sonnenwärme auf die Erde trifft und wie viel Wärme dann wieder von der Erde ins All entweicht. Zieht man von dem ersten Wert den zweiten ab, hätte man den Anteil der Sonnenenergie errechnet, der von der Atmosphäre zurückgehalten wird. Damit besäßen wir genaue Angaben zur Erderwärmung.

1998 bewilligte der Kongress der NASA die Summe von 250 Millionen Dollar, um Triana zu bauen. 2001 war der Satellit einsatzbereit. Er verfügte über Instrumente zur Messung der Erderwärmung und über eine Fernsehkamera, um live Videos von der Erde zu übermitteln. Außerdem war er in der Lage, die Messungen anderer Satelliten zu koordinieren.

Triana sollte auch einen älteren, kleineren Satelliten ersetzen, der bereits zwischen Erde und Sonne im Einsatz war. Dieser ältere Satellit war für die Messung von Sonnenstürmen zuständig. Das sind heftige Energiestürme auf der Oberfläche der Sonne, die elektronische Geräte wie z. B. Mobilfunksender beschädigen können.

Nachdem der Start des Satelliten unter Präsident Bush abgesagt wurde, bewilligte schließlich 2009 der Kongress das Geld für seine Reise ins All. Die NASA holte den Satelliten – der jetzt DSCOVR heißt – inzwischen aus seiner Lagerhalle und machte ihn reisefertig. Wann er jedoch in den Weltraum geschossen wird, ist noch nicht geklärt.

DSCOVR ist vermutlich genau das Messinstrument, das wir noch brauchen, um den Klimawandel stoppen zu können.

DIE MACHT EINES BILDES

Manchmal kann eine Information unsere Weltsicht verändern. Dieses berühmte Foto, das den Titel »Erdaufgang« erhielt, ist dafür ein gutes Beispiel. Es wurde am 24. Dezember 1968 von dem Astronauten Bill Anders während der Apollo-8-Mission aufgenommen. Dank dieses Fotos konnten die meisten von uns zum ersten Mal sehen, wie unser Planet vom Weltraum aus aussieht.

Der Anblick der wunderschönen blauen Kugel inmitten der schwarzen Unendlichkeit des Alls machte klar, wie klein unser Planet ist. Wir begriffen, dass wir ihn mit anderen Menschen teilen und dass wir ihn erhalten müssen.

Dieses Foto trug zur Entstehung der ersten Umweltschutzorganisationen bei. Nun liegt es an uns, neue Bilder und Wege zu finden, um dieselbe Botschaft zu verbreiten: Wir alle müssen zusammenarbeiten, um unseren Planeten zu retten.

DSCOVR –
DER KLIMABEOBACHTUNGSSATELLIT

Auf seiner Umlaufbahn um die Sonne wird sich DSCOVR (*Deep Space Climate Observatory*) ständig zwischen der Erde und der Sonne aufhalten. Dadurch hat der Satellit freie Sicht auf die jeweils von der Sonne beleuchtete Hälfte unseres Planeten. Mit seiner Kamera kann er Live-Aufnahmen der Erde aus dem Weltall machen. Andere Instrumente an Bord werden die Albedo der Erde (siehe S. 25), Magnetfelder und Sonnenstrahlung messen. DSCOVR wird außerdem helfen, die von anderen Satelliten gesammelten Informationen zu koordinieren. Der L1-Punkt (auf diesem Bild links von der Erde) bezeichnet den Punkt, an dem die Schwerkraft der Sonne und der Erde genau gleich sind. Dadurch kann DSCOVR, der gemeinsam mit der Erde die Sonne umkreist, seine Position halten.

SONNE

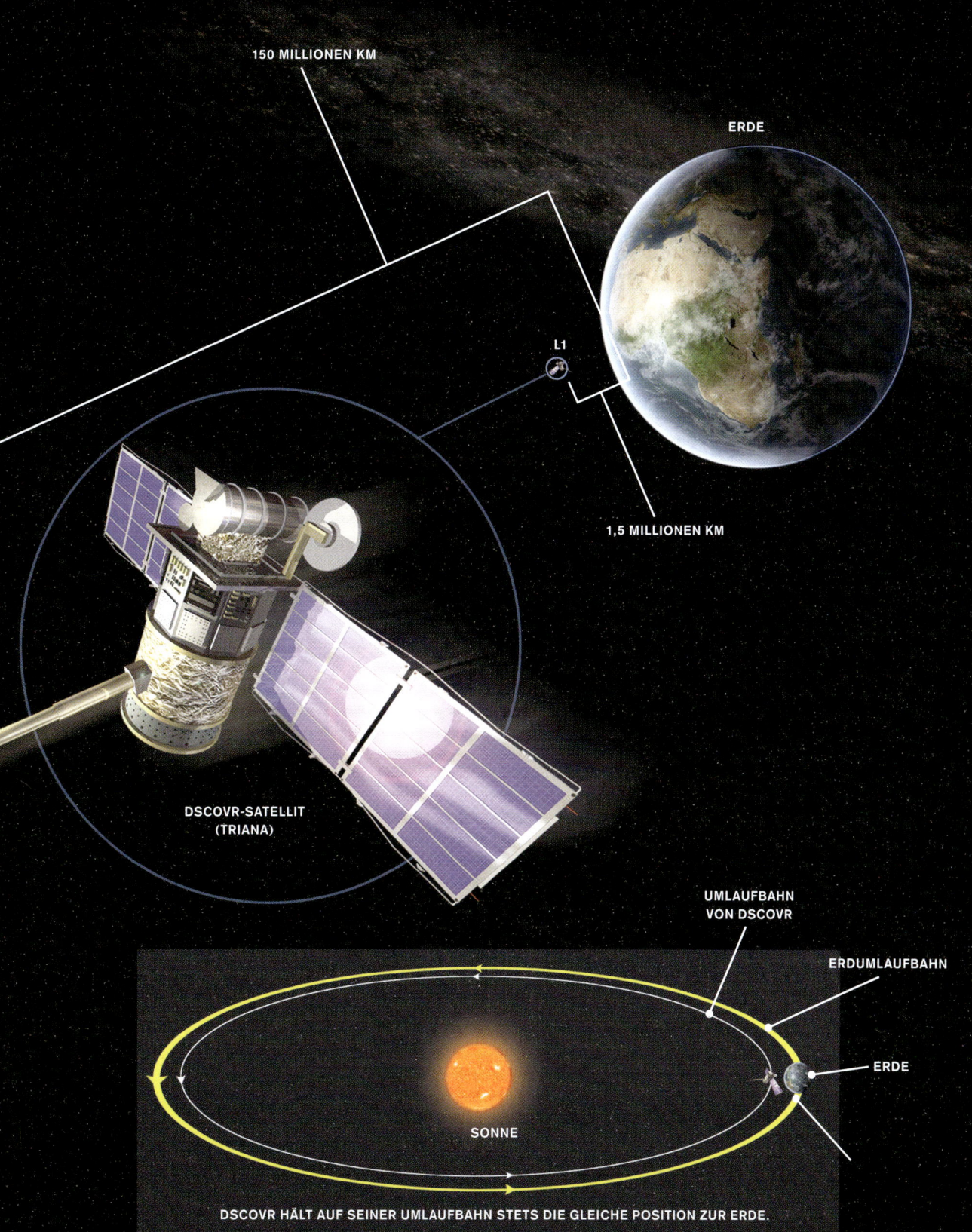

150 MILLIONEN KM

ERDE

L1

1,5 MILLIONEN KM

DSCOVR-SATELLIT
(TRIANA)

UMLAUFBAHN
VON DSCOVR

ERDUMLAUFBAHN

ERDE

SONNE

DSCOVR HÄLT AUF SEINER UMLAUFBAHN STETS DIE GLEICHE POSITION ZUR ERDE.

CO₂-EMISSIONEN IN DEN USA

Die Software des Projekts Vulkan verrät, wie viel CO_2 an welchen Orten der USA entsteht. Die roten Flächen zeigen die Regionen mit den meisten Emissionen an. Das Vulkan-Team plant, solche Karten von allen Ländern der Erde zu erstellen.

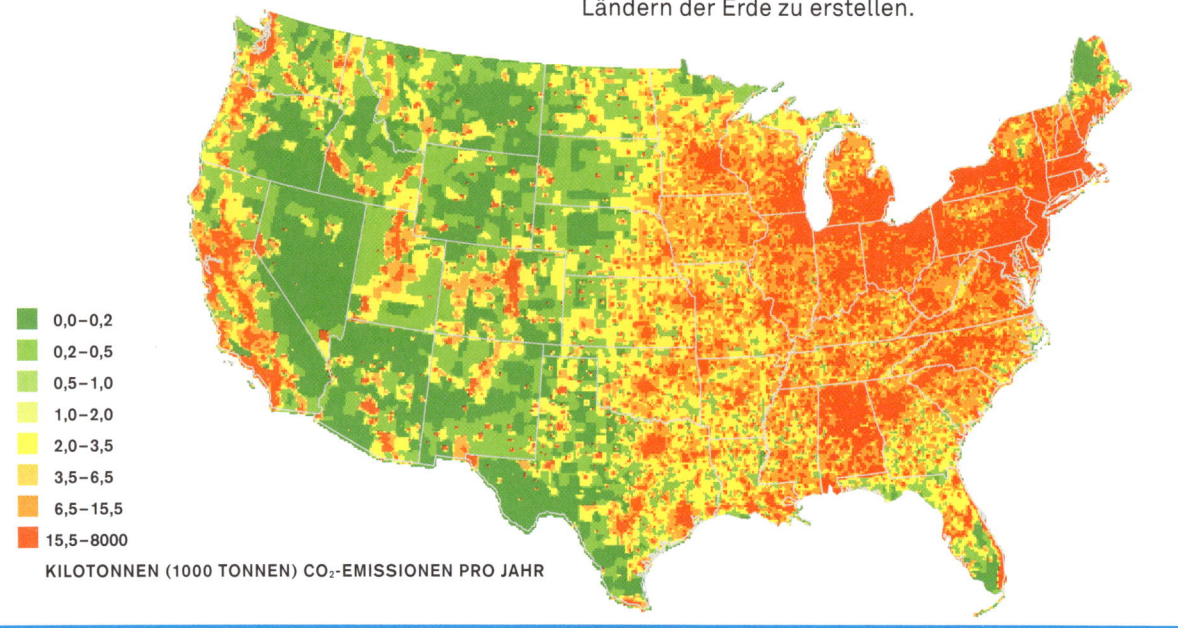

- 0,0–0,2
- 0,2–0,5
- 0,5–1,0
- 1,0–2,0
- 2,0–3,5
- 3,5–6,5
- 6,5–15,5
- 15,5–8000

KILOTONNEN (1000 TONNEN) CO₂-EMISSIONEN PRO JAHR

KANN MAN DIE ERWÄRMUNG SEHEN?

Wenn sich der Satellit DSCOVR endlich auf seiner Umlaufbahn befindet, wird er uns erschütternde Beweise dafür liefern, dass die Erderwärmung kein Hirngespinst ist. Wir verfügen aber bereits jetzt über andere Möglichkeiten, die Erderwärmung »sichtbar« zu machen.

An der Universität Purdue in Indiana entwickelten Wissenschaftler ein Programm, das sie nach dem römischen Gott des Feuers »Vulkan« nannten. Vulkan macht CO₂-Emissionen sichtbar, sodass man genau sehen kann, wo sie entstehen. Dasselbe Team entwickelte eine weitere Software und benannte sie nach der griechischen Göttin des Hauses »Hestia«. Die von Hestia angefertigten Karten zeigen an, wie viel Energie in Wohnsiedlungen verschwendet wird. Wenn man sich die Hestia-Karte einer Region ansieht, ist erkennbar, welche Gebäude die meiste Wärme abstrahlen. Dank Hestia und Vulkan kann man den Menschen die Erderwärmung buchstäblich vor Augen führen.

EFFIZIENZ DURCH NEUE TECHNOLOGIEN

Informationstechnologie kann auch dazu beitragen, Geräte effizienter zu machen. Die unterschiedlichsten Geräte und Maschinen werden inzwischen von winzigen Computern im Mikrochip-Format gesteuert. In Fabriken laufen die Maschinen oft auch dann, wenn sie gar nicht im Einsatz sind. Ein Mikrochip in der Maschine kann die Geschwindigkeit ihres Motors an die jeweilige Arbeitsbelastung anpassen. Dadurch wird viel Energie gespart.
Auf gleiche Weise können elektronische Sensoren und Mikrochips elektrische Lampen steuern und ausschalten, sobald es hell wird. Computersysteme in Gebäuden können Strom sparen helfen, indem sie Heizung und Klimaanlage regulieren. Außerdem können sie melden, wo Wärme durch undichte Stellen oder schlechte Isolierung verloren geht.

Durch Computer können auch Firmen effizienter werden. Wer z. B. eine Speditionsfirma hat, verdient Geld, indem er eine Fracht transportiert und ausliefert. Doch wenn ein Lastwagen nach einer Lieferung leer zurückfährt, verliert die Firma Geld und verschwendet Energie.
Im Jahr 2007 waren 25 % aller Fahrten amerikanischer Lastwagen Leerfahrten. Über Computersysteme können Speditionsfirmen die Fahrten der Lastwagen besser abstimmen und Leerfahrten einschränken. Dadurch senken sie ihre Kosten, aber natürlich auch ihren CO_2-Ausstoß.

Der Informationsaustausch über das Internet oder per SMS ist übrigens wesentlich energieeffizienter als ältere Arten der Kommunikation. So wird bei einer Online-Tageszeitung weniger Energie verbraucht, als wenn der Abonnent seine Zeitung jeden Morgen an die Haustür geliefert bekommt. Die Verständigung über E-Mails erfordert ebenfalls weniger Energie als der traditionelle Briefwechsel. Doch auch diese neuen Technologien müssen noch effizienter werden. Derzeit entstehen ca. 2 % der Erderwärmung verursachenden Emissio-

Eine Elektronikfirma entwickelte ein Gerät, das Geld sparen hilft. Es sieht wie die Kristallkugel eines Wahrsagers aus und lässt sich so programmieren, dass es blau leuchtet, wenn der Strom billiger ist, und rot, wenn er teurer ist. So kann man seine Geräte – z. B. die Waschmaschine – dann laufen lassen, wenn es weniger kostet.

nen durch die Informationstechnologie. Es müssen Computer, Monitore, Drucker usw. entwickelt werden, die weniger Strom verbrauchen.

EINE GROSSE ORGANISATIONSHILFE

Ohne weltweite Zusammenarbeit können wir den Klimawandel nicht stoppen. Das Internet macht diese Zusammenarbeit möglich. Junge Menschen wissen am besten, dass die moderne Technologie die Art verändert hat, in der wir miteinander kommunizieren. Inzwischen organisieren Umweltschützer ihre Aktionen über

Twitter, Facebook, YouTube und viele andere neue Kommunikationsplattformen.

Schätzungsweise nutzen zwei Millionen Umweltschutzgruppen das Internet. Einige von ihnen, wie die *Alliance for Climate Protection*, haben Millionen von Mitgliedern. Andere sind kleiner und nur regional aktiv. Sie kämpfen nicht nur gegen den Klimawandel, sondern auch für andere Belange des Umweltschutzes und setzen sich für soziale Gerechtigkeit ein. Vielleicht ist dies in der Geschichte der Menschheit die größte Bewegung für soziale Ziele, aber ohne neue Kommunikationsmittel hätte sie wohl nie diese Bedeutung erreichen können.

Hurricane Katrina
August 29, 2005

Dank neuer Computersoftware ließ sich mein Vortrag über den Klimawandel leichter aktualisieren und wurde zugleich einprägsamer.

Manchmal kann man Veränderungen schon dadurch herbeiführen, dass man die Öffentlichkeit informiert. Inzwischen werden Firmen durch Gesetze gezwungen, ihre Emissionswerte bekannt zu geben. Zeitungen, Fernsehen und Radio veröffentlichen nun Listen der schlimmsten Umweltsünder. Und weil die Firmen nicht auf diesen Listen stehen wollen, haben sie von selbst begonnen, ihren Schadstoffausstoß einzuschränken.

NEUE TECHNOLOGIEN FÜR EINE NEUE GENERATION

Als ich zum ersten Mal die Rede hielt, aus der dann das Buch *Eine unbequeme Wahrheit* entstand, benutzte ich einen altmodischen Diaprojektor. Nachdem ich sie später in eine computergestützte Präsentation umgewandelt hatte, staunte ich darüber, was für einen Unterschied das machte. Es wurde nicht nur leichter, neue Informationen einzufügen, sondern der Vortrag kam auch beim Publikum viel besser an.

Inzwischen wurden über 3000 Menschen in einem Dutzend Länder dazu ausgebildet, diesen Vortrag in aktualisierter Form zu halten. Sie sind durch *The Climate Project* (»Das Klimaprojekt«) miteinander vernetzt und bleiben über das Internet in Verbindung. So können z. B. neue Fotos jedem über das Internet geschickt werden, der diesen Vortrag halten wird. Dadurch können wir schneller auf neue Entwicklungen eingehen und wichtige Informationen weitergeben.

Als ich jung war, gab es noch keine vergleichbaren Kommunikationsverfahren. Wie jeder in meiner Generation musste ich vor relativ kurzer Zeit erst lernen, wie man damit umgeht. Ich habe erfahren, welch wertvolle Hilfe diese Technologie im Kampf gegen den Klimawandel darstellt.

Ich habe aber auch gelernt, dass junge Menschen, die mit ihr aufgewachsen sind, am besten damit umgehen und neue Einsatzmöglichkeiten für sie finden können.

Das ist die Herausforderung, vor der wir jetzt stehen: tausend neue Wege zu finden, um mithilfe von Informationstechnologie den Klimawandel zu stoppen. Die Fakten sprechen für sich. Unsere Aufgabe ist es, Informationen zu sammeln und sie der Öffentlichkeit zu vermitteln. So können wir unsere Bewegung stärken und die Erderwärmung aufhalten.

NACHWORT

WIR HABEN DIE WAHL

Wie wahrscheinlich jeder Mensch würde auch ich mir wünschen, ich könnte die Zeit zurückdrehen und vieles anders machen.

Wenn man zurückblickt, erkennt man leicht, was man falsch gemacht hat und im Nachhinein anders machen würde. Doch leider lässt sich die Zeit nicht zurückdrehen, und niemand besitzt die Fähigkeit, die Vergangenheit zu verändern.

Doch die Zukunft verändern – das können wir alle.

Unsere heutigen Entscheidungen werden den Zustand unseres Planeten in 20 oder 30 Jahren prägen. Vorausgesetzt ich lebe noch, werde ich in 20 Jahren ein alter Mann sein. Aber meine Leser sind dann erwachsen.

Und dann fragen ihre Kinder vielleicht nach der Klimakrise und wollen wissen: »Was geschah, als die Polkappen zu schmelzen begannen? Was habt ihr getan, als ihr von der Erderwärmung erfahren habt? Habt ihr auf die Warnungen der Wissenschaftler gehört? Was wurde unternommen, um den Planeten zu retten?«

Im Regenwald von Costa Rica
fließen zwei Bäche zusammen.

ZEIT DER HOFFNUNG

Ich hoffe, dass die Antwort gegenüber der neuen Generation nicht lauten wird: »Anstatt zu handeln, haben die Leute nur diskutiert. Sie wollten den Wissenschaftlern nicht glauben. Einige Politiker meinten, es sei alles gelogen. Es gab Firmen, die mit fossilen Brennstoffen viel Geld machten und sich allen Versuchen widersetzten, etwas zu verändern. Die Menschheit konnte sich nicht einigen.«

Es wäre natürlich schöner, wenn man sagen könnte: »Als Kind machte ich mir wegen der Erderwärmung große Sorgen. Doch 2009 kam dann die Wende. Ein neuer amerikanischer Präsident begriff den Ernst der Lage. Die Menschen begannen einzusehen, dass das Klimaproblem wirklich bestand. Sie verlangten die Abkehr von fossilen Brennstoffen. Sogar Leute, die den Klimawandel bis dahin geleugnet hatten, änderten ihre Meinung. Es war das Jahr, in dem die Menschheit endlich begann, Schritte zur Rettung unseres Planeten zu unternehmen.«

Ich weiß, dass viele Informationen in diesem Buch furchterregend sind. Aber ich habe immer noch die Hoffnung, dass sich die Menschen einigen können, um den Klimawandel zu stoppen – wenn wir uns nur weiter dafür einsetzen. Ich wünsche mir sehr, dass meine Leser als Erwachsene erzählen können, dass sie erlebt haben, wie die Menschen die Welt zum Besseren veränderten. Vielleicht könnte ihre Geschichte ungefähr so klingen:

ZEIT DES WANDELS

Nach vielen Jahren des Zögerns führten die USA 2009 endlich die weltweite Bewegung gegen den Klimawandel an. Der Kongress erließ ein Gesetz zur Senkung des Kohlendioxid-Ausstoßes. Durch dieses Gesetz wurde es sehr teuer, CO_2-Emissionen zu produzieren, und deshalb ging die Luftverschmutzung bald darauf zurück. Gleichzeitig begann die US-Regierung, in erneuerbare Energien wie Sonnenwärme, Windkraft und Erdwärme zu investieren, und die Bevölkerung veränderte ihren Energiekonsum.

Wir alle veränderten unsere Nahrungsmittelproduktion, unsere Fabriken und unsere ganze Wirtschaft.

Wir verreisten anders und bauten andere Häuser. Wir pflanzten Millionen von Bäumen. Und als wir einzusehen begannen, welche Vorteile diese Veränderungen für uns und unsere Umwelt mit sich brachten, veränderten wir noch viel mehr.

Im Dezember desselben Jahres versammelten sich Vertreter aller Nationen der Welt in

Kopenhagen und taten dort etwas, was bisher für unmöglich gehalten worden war: Sie verfassten und unterzeichneten einen Vertrag, der die Welt im Kampf gegen den Klimawandel einte. Das war erst der Anfang und es musste noch viel getan werden. Doch dieser erste Schritt war wichtig, denn er wies den richtigen Weg.

Es stellte sich heraus, dass die meisten Nationen der Welt wussten, dass gehandelt werden musste. Staaten wie China und die USA, die bis dahin am meisten CO_2 produzierten, wurden richtungsweisend. Reiche und arme Länder arbeiteten zusammen. Staaten wie Brasilien und Indonesien beschlossen, die Abholzung der Regenwälder zu stoppen. Japan und die europäischen Staaten trugen ihre Pläne zur Verringerung des CO_2-Ausstoßes vor.

Die Regierungen handelten, weil die Menschen es von ihnen verlangten. Mit der Zeit entstanden auf der ganzen Welt Millionen von Bürgerinitiativen. Sie vernetzten sich untereinander und bildeten eine mächtige Allianz.

Diese Umweltschutzgruppen forderten den Ausstieg aus der Nutzung fossiler Energien, aber auch vieles andere, das ebenso wichtig war: weltweite Reformen im Bildungs- und Gesundheitswesen und insbesondere in Entwicklungsländern das Recht

In seiner Rede auf dem US-Luftwaffenstützpunkt Nellis, Nevada, im Mai 2009 bezeichnete Präsident Barack Obama die neue Energietechnologie als wichtigen Teil der zukünftigen Wirtschaft.

der Mädchen auf Schulbildung. Sie prangerten Korruption an und kämpften für demokratische Reformen. Sie forderten einen Wandel in der Landwirtschaft und sorgten dafür, dass die neuen Energiesysteme Menschen halfen, der Armut zu entkommen.

Wir ahnten damals noch nicht, dass 2009 zum Jahr des Wendepunktes werden würde. Wir erlebten Veränderungen in Politik, Wirtschaft, Bildung, Landwirtschaft und allen Bereichen unseres Lebens. Vor allem aber veränderte sich unsere Sichtweise der Erde. Die Menschen begriffen, dass es unsere Aufgabe war, den Planeten zu schützen.

ZEIT DER JUGEND

Ich hoffe, dass meine Leser eines Tages diese Geschichte erzählen können. Entscheidend dafür ist, was wir jetzt tun.

Vielleicht glauben einige meiner Leser, noch zu jung zu sein, um etwas ausrichten zu können. Kinder und Jugendliche gehen schließlich noch nicht wählen und erlassen keine Gesetze. Sie können noch nicht entscheiden, ob sie ein Elektroauto kaufen oder ihr Haus isolieren lassen. Was also können junge Menschen tun?
Sie können den Weg weisen. Um den Klimawandel aufzuhalten, müssen wir die Welt verändern. Und das können wir nur, wenn uns die Jungen dabei helfen.

Junge Menschen sind häufig die Ersten, die neue Ideen aufgreifen und verbreiten. Sie haben keine Angst davor, alte Gewohnheiten zu verändern und sich neue Lösungen für alte Probleme auszudenken.

Immer wieder waren es junge Menschen, die etwas Neues erfanden oder Ideen hatten, die die Welt veränderten. Als 1969 der erste Mensch auf dem Mond landete, jubelten alle Systemingenieure der NASA laut. Ihr Durchschnittsalter lag bei 26 Jahren. Das bedeutet, dass viele dieser Ingenieure Teenager waren, als mit der Planung der Mondmissionen begonnen wurde. Sie hatten sich als Jugendliche von der Vorstellung der Raumfahrt faszinieren lassen und beschlossen, sich auf dieses Abenteuer zu begeben.

Heute wollen wir die Menschheit dazu bringen, zu einem weiteren großen Abenteuer aufzubrechen. Dabei geht es nicht darum, den Weltraum zu erforschen, sondern die Erde zu retten. Und es ist wichtig, dass junge Menschen an diesem Abenteuer teilnehmen. Wie man daran teilnimmt, entscheidet jeder selbst. Vielleicht erfindet der eine ein neues Verfahren, um Sonnenenergie zu nutzen, oder einen neuen Typ von Elektromobil. Oder der andere engagiert sich in einer Umweltschutzorganisation. Vielleicht widmet er sein Leben auch der Rettung des Regenwalds. Oder er bringt seine Familie einfach nur dazu, ihre Gewohnheiten zu ändern und umwelt- und energiebewusster zu leben.

Es ist überwältigend, die Energie und Überzeugungskraft der vielen jungen Menschen in aller Welt zu erleben, die diese Herausforderung annehmen. Für sie ist es unvorstellbar, dass wir an unserer Aufgabe scheitern könnten. Und auch ich bin davon überzeugt, dass wir nicht scheitern werden. Wenn wir alle zusammenhelfen. Die Menschheit ist dieser Herausforderung durchaus gewachsen – wenn

Ein junger Umweltschützer spielt bei einer organisierten Aktion für den Klimaschutz (*Camp for Climate Action*) in Blackheath, England, Gitarre.

sie rechtzeitig handelt. Wir verfügen über das erforderliche Wissen und das technische Know-how. Vor allem aber kennen wir Beispiele aus der Geschichte – beängstigende Situationen, in denen sich die Menschen großen Gefahren gegenübersahen wie Weltkriegen oder Wirtschaftskrisen –, in denen die Menschen zusammenarbeiteten, um Lösungen zu finden. Das ist das, was wir jetzt tun müssen.

Die Erderwärmung stellt eine wirkliche Bedrohung dar. Gleichzeitig aber entstehen aus dieser Situation heraus unglaubliche Möglichkeiten. Denn wenn wir den richtigen Weg gehen, werden wir unsere Welt verbessern können. Wenn wir jetzt handeln, werden kommende Generationen in einer schönen Welt leben. In einer Welt, in der die Natur im Gleichgewicht ist, in der weniger Menschen in Armut leben, in einer Welt mit einer lebenswerten Zukunft. Deshalb sollten wir alle voller Hoffnung sein.

Vom Weltraum aus gesehen sieht unser schöner Planet Erde wie der Garten Eden aus. Er gehört allen Menschen, sowohl denen, die heute auf ihm leben, als auch denen, die noch geboren werden. Wir haben heute die Macht, diesen Garten zu zerstören. Aber wir haben auch die Macht, ihn zu retten.

WIR HABEN DIE WAHL.

LASST UNS DIE RICHTIGE ENTSCHEIDUNG TREFFEN.

DANKSAGUNG

Ich danke vor allem meiner Frau Tipper für ihre Unterstützung, meinen Kindern Karenna, Kristin, Sarah und Albert, meinem Schwager Frank Hunger und überhaupt meiner ganzen Familie für ihre Ermutigung, Unterstützung und ihre Liebe.

Mein besonderer Dank gilt vor allem meinen Assistenten Brad Hall und Jordan Pietzsch für ihre großartige Leistung bei der Recherche und Überprüfung Tausender von Fakten, Zahlen, Zitaten, Berichten und Untersuchungen, die für dieses Buch von grundlegender Bedeutung waren. Unter Leitung von Kalee Kreider, die mir bei all meiner Arbeit über das Problem der Erderwärmung unverzichtbare Hilfe leistete, organisierten sie für mich in den letzten drei Jahren auch die über 30 Gipfel zur Lösung der Klimakrise, die *Solution Summits*. Diese Aufgabe hatten sie von Elliot Tarloff übernommen, dem Organisator der allerersten *Solution Summits,* der dafür ebenfalls umfangreiche Nachforschungen angestellt hatte. Als einer meiner beiden für Recherchen zuständigen Assistenten zu meinem Buch *Angriff auf die Vernunft* hat Elliot extra den Beginn seines Jurastudiums verschoben, um mir auch bei diesem Buchprojekt beizustehen. Roy Neel leitete hier in Nashville den Stab, der mich bei allen Aspekten dieses Projekts unterstützte und gleichzeitig seine laufenden Aufgaben erledigte. Beth Prichard Alpert koordinierte in den letzten Jahren alle Telefonanrufe, Termine – und einfach alles, was für dieses Vorhaben notwendig war. In ihrer Eigenschaft als stellvertretende Stabschefin war sie unverzichtbar. Ebenso wie Conor Grew, der mich auf vielfache Weise – besonders unterwegs – unterstützt hat. Lisa Berg und Patrick Hamilton spielten bei dem Projekt eine ebenso wichtige Rolle wie Elizabeth Spencer, Bill Huskey, Anna Katherine Owen und alle anderen Mitarbeiter. Besonderer Dank ergeht an Dwayne Kemp für seine Kochkünste, vor allem an den Samstagen und Sonntagen des letzten Jahres, als an dem Projekt besonders intensiv gearbeitet werden musste.

Außerordentlich dankbar bin ich den vielen herausragenden Wissenschaftlern und Ingenieuren, die an den *Solution Summits* teilnahmen. Die meisten von ihnen arbeiteten auch danach noch am Projekt mit, indem sie neues Material, Forschungsergebnisse und noch unveröffentlichte Publikationen schickten und Fragen beantworteten. Ihre Kompetenz und ihre Erklärungen bilden den eigentlichen Kern dieses Buchs. Ich würde gerne ihnen allen namentlich danken. Da dies im Buch aus Platzgründen nicht möglich ist, habe ich es auf der Webseite zu diesem Buch getan: www.ourchoicethebook.com

Ich danke auch der *Alliance for Climate Protection,* ihrer Leiterin Maggie Fox und deren Vorgängerin Cathy Zoi für ihre Hilfe beim Sponsoring der *Solution Summits* und bei Recherchen. Ich bin stolz darauf, alle Einnahmen aus diesem Buch – wie schon zuvor aus *Eine unbequeme Wahrheit* – dieser Umweltorganisation spenden zu dürfen. Ich danke ferner meinen Partnern bei *Generation Investment Management* dafür, dass sie zu Beginn der Arbeit an diesem Buch den Entwurf durchsahen, bei einzelnen Kapiteln die Fakten prüften und am Ende das vollständige Manuskript lasen.

Ebenso leisteten mir meine Partner bei *Kleiner Perkins Caulfield & Byers (KPCB)* unschätzbare Hilfe bei Durchsicht des Entwurfs und mit Antworten auf Detailfragen. Sowohl *Generation* als auch *KPCB* nahmen an allen *Solution Summits* teil. Sie halfen dabei, zu den Diskussionsrunden mit Wissenschaftlern, Ingenieuren und Fachleuten aus Technik und Politik auch Geschäftsführer und Manager einzuladen, sodass die Gespräche von deren Wissen und Erfahrungen in den Bereichen Markt und Wirtschaft profitierten.

Einige der in diesem Buch verarbeiteten Informationen, die ich außerhalb der *Solution Summits* sammelte, verdanke ich meinen Verbindungen zu *Alliance for Climate Protection, Generation Investment Management* und *Kleiner Perkins Caufield & Byers.* Als Rechtsanwalt und Geschäftsmann investiere ich auch in alternative Energieunternehmen.

Ich möchte Eileen Kreit danken, der Verlagsleiterin von Puffin Books, und Kristin Gilson, der Leiterin des Lektorats. Mein Dank ergeht ferner an Gerard Mancini, Geschäftsführer von Puffin Books und Viking Children's Books; Jen Haller, Geschäftsführer von Penguin Young Readers Group; Don Weisberg, Präsident von Penguin Young Readers Book; Shanta Newlin, Direktorin der Marketingabteilung; an die Verkaufsleiterin Felicia Frazier und die Marketing- und Verkaufsteams der Penguin Young Readers Group.

Ich danke meinem Freund Steve Murphy, dem früheren *Chief Executive Officer* (CEO) von Rodale, und Maria Rodale, CEO und Aufsichtsratvorsitzende von Rodale, für ihren Glauben an *Wir haben die Wahl* und ihr Engagement und für all die wunderbare Unterstützung, die ich die ganze Zeit über von Rodale erhielt. Besonders dankbar bin ich meiner ausgezeichneten Lektorin für die Erwachsenenausgabe, Karen Rinaldi, die außerdem Vizepräsidentin, Geschäftsführerin und Verlagsleiterin bei Rodale ist, für ihren Einsatz und ihr Durchhaltevermögen – und für entscheidende Anregungen, wie sich das Material am besten präsentieren ließ.

Ganz besonders danke ich Richie Chevat, dem talentierten Autor, der meinen Text in eine für Kinder und Jugendliche verständliche Sprache übersetzte, sowie den Layoutern Hjalti Karlsson und Jan Wilker von karlssonwilker. Dankbar bin ich auch Liz Lomax, die die Tonmodelle für die Vorder- und Rückseite des Umschlags anfertigte.

Ich freue mich sehr darüber, ein weiteres Mal mit meinem Freund Charles Melcher zusammengearbeitet zu haben, denn keiner versteht sich besser auf den Aufbau, das Layout und die Herstellung eines Buchs. Ich kann den Mitarbeitern von Melcher Media nicht genug danken, die Tag und Nacht so viele Stunden in Fotos, Grafiken und damit verbundene Arbeiten investierten: Kurt Andrews, Erin Barnes, Duncan Bock, David E. Brown, Dennis Bunnell, Amélie Cherlin, Daniel del Valle, Cheryl Della Pietra, Max Dickstein, Bonnie Eldon, Alissa Faden, Marilyn Fu, Sallie Gmeiner, Barbara Gogan, Filomena Guzzardi, Stephanie Heimann, Coco Joly, Terry Klockow, Phil MacDonald, Lisa Maione, Marie Mulcahy, Lauren Nathan, Brian Payne sen., Richard Petrucci, Lia Ronnen, Holly Rothman, Jessi Rymill, Lindsey Stanberry, Shoshana Thaler, Scott Travers, Rebecca Wiener, Lee Wilcox und Megan Worman.

Don Foley – meiner Ansicht nach der beste Grafikkünstler für diese Art von Material – schuf hervorragende Grafiken und Illustrationen, die er mit bewundernswerter Geduld in vielen Durchgängen so abwandelte, dass sie den neuesten Stand der Wissenschaft und Forschung widerspiegeln. Ich danke dir für die fantastische Arbeit, Don! Charles Melcher und sein Team boten mir einen reichhaltigen Fundus an Fotos, aus dem ich auswählen konnte. Andere machten Vorschläge für besondere Bilder. Ich danke allen Fotografen, deren Fotos in diesem Buch erscheinen. Ganz besonders danke ich meinem Freund Yann Arthus-Bertrand, der mir aus seiner spektakulären Sammlung eigener Bilder mehrere zur Verfügung stellte. Außerdem bin ich einmal mehr *National Geographic* dankbar, die mir den kostenlosen Abdruck wundervoller Fotos gestatteten. Und ich danke Tom Mangelsen für sein Pinguinfoto, mit dem die Einleitung beginnt.

Ich danke meiner Freundin Natilee Duning, die viele meiner Kapitelentwürfe durchging, meinem Freund und Partner Joel Hyatt und meinem Freund Mike Feldman für wichtige Ratschläge sowie meinem Agenten und Freund Andrew Wylie für seinen Rat und die Ausarbeitung verschiedener Vereinbarungen, die für das Erscheinen dieses Buchs wichtig waren.

BILDNACHWEIS

Der Autor dankt den folgenden Personen und Unternehmen dafür, dass sie mit ihren Bildbeiträgen zu diesem Buch die *Alliance for Climate Protection* unterstützt haben:

The Associated Press; Argos Collectif; Yann Arthus-Bertrand; Aurora Photos; Edward Burtynsky; Robert Clark; Livia Corona; Hélène David; Envision Stock Photography; Mitch Epstein; Getty Images; Robert W. Ginn; Chris Jordan; Vince LaForet; Tony Law; Len Jenshel und Diane Cook; Alex S. MacLean; Magnum Photos, Tom Mangelsen, Sean Nolan; der National Geographic Society und ihren Fotografen – Jonathan Blair, Michael Melford, George F. Mobley, James C. Richardson, Tyrone Turner, Willis D. Vaughn; der *Los Angeles Times;* dem *Syracuse Post-Dispatch;* OnAsia Images; Panos Pictures; Peter Arnold Inc.; Redux Images; Sipa Press; George Steinmetz; UNICEF; Zuma Press.

Der Bildnachweis erfolgt mit Seitenangabe. Copyright © aller Fotos und Illustrationen bei den jeweiligen Quellen.

7: NASA; 9: Tom Mangelsen; 11: Noah Seelam/AFP/Getty Images; 13: Sean Nolan/seannolan.com; 14: Ralph Orlowski/Getty Images; 24: Topham/The Image Works; 28: Ian Berry/Magnum Photos; 38: Martin Bond/Still Pictures/Peter Arnold Inc.; 40: Naturimages; 44: James C. Richardson/National Geographic Stock; 46: Courtesy Barley & Pfeiffer Architects; 48: Leah Nash/*The New York Times*/Redux; 52: Frank Huster/Aurora Photos; 55: Paul Langrock/Zenit/Laif/Redux; 56: m. frdl. Genehmigung von Tom Rielly/ted.com; 58: Palmi Gudmundson/Nordic Photos/Aurora Photos; 63: Newscom; 68: Nelson Almeida/Getty Images; 73: Chris Knapton/SPL/Photo Researchers; 74: Paulo Fridman/Polaris; 76: Dr. Rob Stepnewy/SPL/Photo Researchers; 77: Pornchai Kittiwongsakul/AFP/Getty Images; 78: Mike Derer/Associated Press; 79: Paul Langrock/Zenit/Laif/Redux; 80: Øyvind Hagen/StatoilHydro; 82: Jim Olive/Peter Arnold Inc.; 83: Paul Corbit Brown; 86 f.: Christoph Busse/Peter Arnold Inc.; 88: Edward Burtynsky m. frdl. Genehmigung von Hasted Hunt Kraeutler, New York/Nicholas Metivier Gallery, Toronto; 90: Peter Essick/Aurora Photos; 92: Peter Essick/Aurora Photos; 94: Sergei Supinsky/AFP/Newscom; 98: Yann Arthus-Bertrand/Altitude; 101: Eduardo Martino/Panos Pictures; 102: Vinai Dithajohn/OnAsia.com; 103: Jay Ullal/ m. frdl. Genehmigung von Orangutan Outreach, redapes.org; 105: Guenter Fischer/The World of Stock; 108: Vince LaForet; 109: Gianluigia Guercia/Getty Images; 110: Adrian Bradshaw/Liason/Getty Images; 112: James C. Richardson/National Geographic Stock; 116 f.: James C. Richardson/National Geographic Stock; 118: Arthur Rothstein/Library of Congress; 120: Brian Vander Brug/*The Los Angeles Times;* 121: Steve Satushek/Getty Images; 122: Jeff Hutchens/Getty Images; 124: George Osod/Panos; 128 f. (v. links nach rechts): Asad Zaidi/UNICEF; Lynsey Addario/VII; Giacomo Pirozzi/UNICEF; Richard Lord/The Image Works; 131: Stuart Freedman/Panos; 132: Abbas/Magnum Photos; 134: Courtesy of Siemens AG, Energy Sector; 137: Ullstein-Unkel/Peter Arnold

Inc.; 139: Chris Jordan; 140: Al Golub/Associated Press; 142: Philip Hall/Sipa Press; 143: Tyrone Turner/National Geographic Stock; 145: Rony Zakaria/OnAsia.com; 146: Mark Ralston/AFP/Getty Images; 148: Kevin Moloney/*The New York Times*/Redux; 149: Jeff Jacobson/Redux; 151: m. frdl. Genehmigung von Cook+Fox Architects; 155: m. frdl. Genehmigung von Tesla; 158: Ashley Cooper/GHG Photos/Aurora Photos; 161: Yann Arthus-Bertrand/Altitude; 164: TIPS Images; 166: Lyza Danger Gardner; 168: Mitch Epstein; 170: Andrew Kornylak/Aurora Photos; 173: Joe Raedle/Getty Images; 174: Wade Payne/AP Photo; 175: Riccardo Venturi/Contrasto/Redux; 176: Raf Madka/View/Artedia; 178: Jim West/The Image Works; 182: Court Mast für Inconvenient Youth; 184: Bell Labs/Lumeta Corp; 187: NASA; 190: The Vulcan Project/Dr. Kevin Gureny und Purdue University; 191: Eugene Garcia/The Orange County Register/Zuma Press; 192: Courtesy Eric Lee/Paramount Classics; 195: Jon Holloway/Stock Connection/Aurora Photos; 197: Isaac Brekken/Associated Press; 199: Andrea Gjestvang/MOMENT.

Illustrationen auf den Seiten 20 f., 32 f., 43, 45, 53, 65, 72, 85, 93, 115, 141, 152 f. und 188 f. © 2009 Don Foley.

Illustration auf S. 22 © Tom Van Sant/GeoSphere Project und Michael Fornalski; Illustration auf S. 25 © Michael Fornalski.

Grafiken auf den S. 18, 46, 51 (ganz oben), 60, 61, 64, 66, 75, 95, 100, 126 f., 130, 136, 138, 156, 162, 171, 181 und 190 von mgmt. design.

QUELLEN DER GRAFIKEN

34: Benjamin K. Sovacool, *Energy Policy* 36, 2008; 51: American Wind Energy Association; National Renewable Energy Laboratory; 61: National Oceanic and Atmospheric Administration; Jonathan T. Hagstrum, *Earth and Planetary Science Letters* 236, 2005; 64: Massachusetts Institute of Technology, *The Future of Geothermal Energy,* 2006; 75: Ethanol: North Carolina Cooperative Extension Service, October 2007; Biodiesel: National Sustainable Agriculture Information Service; 95: World Nuclear Association; Federation of American Scientists; 96: U. S. Department of Energy; 100: United Nations Food and Agriculture Organization, *State of the World's Forests* 2007; 106 f.: David Raup and John Seposki, *Science,* March 19, 1982; 126 f.: U. S. Census; United Nations Population Division, *World Population to 2300,* 2004; Carbon Dioxide Information Analysis Center; *AAAS Atlas of Population and Environment;* 130: United Nations Population Division; CIA World Factbook; 138: Philips; U. S. Department of Energy; 156: DESERTEC Foundation; 162: U. S. Centers for Disease Control and Prevention; 171: Patterson Clark, *The Washington Post,* February 26, 2009; 181: Pew Research Center for People & the Press, »A Deeper Partisan Divide over Global Warming«

REGISTER